猪冷冻精液
生产及使用技术手册

全国畜牧总站

U0256362

中国农业出版社
北　京

《猪冷冻精液生产及使用技术手册》

编委会

主　任　时建忠

副主任　孙好勤　王俊勋

成　员　邹　奎　储玉军　王　健　杨红杰

　　　　刘长春　马金星　于福清　孙飞舟

　　　　周晓鹏　张桂香　刘　刚

编写人员

主　编　朱芳贤

副主编　张德福　刘　刚

编　者　（按姓氏笔画排序）

　　　　王　静　邓晓斌　卢建福　白文娟

　　　　冯海永　朱芳贤　刘　刚　刘婷婷

　　　　齐海龙　许海涛　孙飞舟　杨建军

　　　　吴卫东　何珊珊　张树山　张德福

　　　　陈建坡　孟　飞　赵俊金　曹　烨

　　　　隋鹤鸣　韩　旭　程　晨　程　煦

主　审　刘丑生　王立贤

我国是世界养猪大国和猪肉消费大国，年饲养量、消费量均占世界总量近 1/2。生猪生产在我国畜牧业生产中的地位举足轻重，猪肉在我国肉类消费中的比例长期维持在 60% 以上，所以有了"猪粮安天下"的提法。

2018 年以来，受非洲猪瘟影响，我国生猪生产遭受严重损失，猪肉市场供应大幅降低，价格急剧上涨，生猪生产和消费均受到巨大冲击。党中央、国务院对此高度重视，要求各地区各部门把生猪稳产保供作为农业工作的重点任务抓紧抓实抓细，像抓粮食生产一样抓生猪生产，千方百计加快恢复生猪生产，务求尽早取得实效。

为贯彻落实党中央、国务院指示精神，为恢复生猪生产特别是种猪生产提供有力的技术支撑，全国畜牧总站组织编写了《猪冷冻精液生产及使用技术手册》一书。本书将近年来国内外猪冷冻精液生产与使用技术进行了系统梳理，结合作者的理论和实践经验，详细介绍了猪冷冻精液生产与使用的具体工作流程和关键技术要点。本书图文并茂、可操作性强，是种猪场技术人员必备的工具书。相信本书的出版，一定能够为加速猪冷冻精液生产与使用技术的普及推广进程和恢复生猪生产发挥独特的作用。

王宗礼

2020 年 3 月

猪粮安天下，良种筑基石。如何最大限度地发挥优良种公猪的改良作用，推进生猪群体遗传进展，是生猪生产从业者十分关注的问题。

与本交和常温精液相比，使用冷冻精液会使种公猪优秀、独特的遗传素材在更长久的时间、更广阔的空间里持续发挥改良作用，从而极大提高种公猪的生产利用效率，有效降低种公猪及种猪群体饲养成本。由此可见，猪冷冻精液生产及使用技术，是生猪规模化生产、地方猪品种遗传资源保护的有效手段，对加快恢复生猪生产具有重要意义。

本书通过简练、易懂、富有趣味性的文字，清晰、生动、真实的照片及直观、简洁的插图，介绍了猪冷冻精液生产及使用全过程的关键技术环节及要点；同时以冷冻精液生产操作步骤为主线，以"小贴士"形式详细介绍相关的知识及注意事项，内容丰富又有条理。本书可帮助养猪生产者快乐、轻松地掌握该技术，逐步使冷冻精液生产及使用走向规范化和标准化。

本书撰写单位有全国畜牧总站、上海市农业科学院、山西省畜禽繁育工作站、云南省陆良县畜牧局、北京田园奥瑞生物科技有限公司、山西猪巴巴种猪育种有限公司等，既有畜牧生产技术推广部门，又有长期开展猪冷冻精液生产技术研究的科研院所及企业。编写团队由国内专家学者、养殖企业的技术骨干组成，他们长期在科研和生产一线工作，具有扎实的专业理论知识和实践经验。本书内容在理论方面有适当深度，同时又非常实用，实操性强，是从事养猪业管理、繁殖和一般工作人员良好的参考书，尤其适合于养猪企业的经营者和科技人员学习提高之用，也可作为大专院校教师及学生的参考书和学习教材。

　　本书以直观性、实用性养殖技术为主，不足之处在所难免，希望广大同行提出宝贵意见，以期改进。

编　者

2020 年 3 月

目录

序
前言

小贴士索引

1 猪冷冻精液的作用及研究进展

1.1 猪冷冻精液技术的概念

猪冷冻精液技术是指利用干冰（－79 ℃）、液氮（－196 ℃）等作冷却源，将鲜精进行冷冻处理后，在液氮中长期保存的技术。精液冷冻过程中产生的渗透压变化、pH 变化、精子冷冻损伤等因素，都会影响精子活力。可通过添加一些缓冲物质、营养剂、冷冻保护剂等，减轻冷冻、解冻对精液环境及精子活力的影响；通过优化猪的冷冻精液稀释液配方，合理选择稀释液成分和添加量，提高解冻后精子活力及输精后母猪受胎率。

1.2 猪冷冻精液保存与应用的意义

畜牧发展，良种为先。畜禽良种对畜牧业发展的贡献率超过40%，畜牧业的核心竞争力很大程度体现在畜禽良种上。我国是世界公认的畜禽种质资源大国，但我国畜牧业生产的部分品种还需要引进。据统计，我国每年进口原种猪 1 万头。因此，猪精液超低温冷冻保存在建立动物精液基因库、提高优良种公猪利用率、种质资源与利用突破时间和地域限制、保障遗传资源生物安全性等方面具有重要意义。

1.2.1 建立猪精液基因库

畜禽种质资源是人类社会可持续发展的物质基础。保存猪冷冻精液是猪遗传资源保护的重要手段。冷冻精液保种是生物技术保种中的主要内容。生物技术保种对猪资源，特别是濒危地方猪遗传资源的保存意义重大。尤其是非洲猪瘟在我国暴发以来，地方猪遗传资源面临严重威胁，生物技术保种是一种安全、高效的保种策略。近年来，随着全球生态环境的变化及人类活动的影响，部分性状优良的畜禽品种处于灭绝或濒临灭绝状态，因此，畜禽保种刻不容缓，国内外畜禽遗传资源的收集保存已成为世界关注的焦点。无论是美国、英国、法国等发达国家，还是乌干达、马拉维、突尼斯等发展中国家都建立了本国的畜禽品种基因库（包括精液基因库）。美国国家动物种质资源库（NAGP）是目前世界最大的畜禽种质资源库，至今已保存 149 个品种、107 万份遗传材料，其中包括 70 万余份冷冻精液。我国国家家畜基因库保存遗传材料数量居世界第 2 位，截至 2019 年年底，已经保存 111 个品种 60 万余份遗传材料，其中地方猪遗传资源冷冻精液 30 万余剂。

1.2.2 提高优良种公猪的利用率

与营养、环境、管理和疫病等环节相比，良种对养猪业发展和产业贡献的潜力巨大。优秀种公猪是育种和生猪商品化生产中最重要的影响因素之一。2007 年以来，在国家生猪良种补贴项目与国家生猪核心育种场建设项目等的支持下，我国建设了大量布局合理的以提供精液（液态保存或冷冻精液）为主的种公猪站，遴选性能优异的种公猪，已明显促进了国内育种单位间遗传材料的交流，提高了优良种公猪的利用率。

1.2.3 猪冷冻精液保存与利用突破时间和地域的限制

1.2.3.1 突破时间限制

猪冷冻精液保存与利用突破时间限制，实现长期保存及利用。精液冷冻保存解决了精液不能长期保存的难题，为不同品种猪的种质资源保存、开发与利用奠定了坚实的基础；精液冷冻可以延长优秀公猪使用年限，使其不受公猪死亡、损伤、采精间隔、暂时不育等时间限制，提高优秀种公猪的配种效率，甚至隔代交配更新血统；制作保存国外引入优秀种公猪的冷冻精液，隔代更新血统，改善了我国反复引种的状况，避免了活体引种带来的高额费用。

1.2.3.2 突破地域限制

精液冷冻解决了偏远、交通闭塞地方对良种精液的需求问题；精液冷冻也使种猪选择不受地理位置差异的限制。同时通过引进国外高性能公猪冻精来替代引进活体公猪，能大幅度降低运输、饲养管理和免疫等成本。

1.2.4 有利于保障遗传资源生物安全性

目前我国非洲猪瘟疫情防控形势仍然十分严峻。在缺乏安全有效疫苗防控的形势下，猪场一旦发生非洲猪瘟疫情只能进行全群扑杀、隔离和封锁，对生猪产业造成极其严重的损失，特别是地方猪资源保种场，一旦发生非洲猪瘟疫情，极有可能导致群体灭绝，永久性失去宝贵的种质资源，损失不可估量。因此，面对非洲猪瘟疫情的严峻形势，在做好生物安全措施的基础上，同步开展种猪精液、组织、细胞等遗传材料冷冻保存的生物保种策略，是活体保护的重要补充方式，对于应对非洲猪瘟疫情威胁、降低种猪资源灭绝风险具有重要的现实意义和长远的战略意义。

1.3 国内外猪精液冷冻技术应用情况

家畜精液冷冻最早在牛上获得成功，并实现冷冻精液在养牛业的普遍应用。猪精液冷冻技术研究早期主要参照牛冷冻精液制作的方法。然而与牛精液相比，猪精液量大、精子密度小，需要在冷冻前通过离心手段减小精液冻存体积；猪精子对"冷休克"更为敏感，所以猪精液对在冷冻前降温平衡条件的要求较高。此外，作为多胎家畜，猪冷冻精液使用效果评价指标除受胎率外还有窝产仔数，这也是猪冷冻精液推广应用难度高于牛冷冻精液的一个重要原因。一直到20世纪70年代，Polge等首次利用手术法将冷冻精液直接注入母猪输卵管并成功产下仔猪。1975年，猪颗粒和细管冷冻精液开始在猪育种中得到应用，但使用冷冻精液的母猪数量还不到授精母猪总量的 1%。我国猪精液冷冻保存技术研究略晚于国外。从 20 世纪 80 年代起，我国就开始在多个省份大规模开展猪冷冻精液输精试验。以广西畜禽品种改良站为例，输精母猪情期受胎率和平均窝产仔数分别为 75.97% 和 9.42 头。总体来说，冷冻精液品质较差、解冻操作相对复杂，使用常规输精方法效果远低于液态保存精液，因此过去几十年猪冷冻精液一直没能得到广泛应用。

近十年来，随着研究者在冷冻稀释液研发和精液冷冻处理程序优化等方面取得一定的进展，家畜冷冻精液生产设备的升级（如使用可精准控制降温的精子冷冻仪和自动分装-封口等仪器设备），畜牧科技人员掌握冷冻精液最佳输精时间技术的提高，相关设备的投入与改进，以及繁殖新技术的发展和运用，猪精液冷冻生产及利用技术取得较大进展，实现了质的突破，在育种和遗传资源保护中发挥了重大作用。

1.3.1 冷冻稀释液研发

在冷冻稀释液中添加冷冻保护剂，抗氧化、抗冷休克、抑菌成分等物质，并使冷冻稀释液保持较适宜的 pH 和渗透压，可对猪精子具有较好的冷冻保护作用。同时一些成品冷冻稀释液套装被研发出来，其配制简单、使用方便，对操作人员要求较低，容易推广。目前，市场常见的冷冻稀释液有德国米尼图（minitube）Androstar®（图 1-1）、北京田园奥瑞生物科技有限公司"田园奥瑞®"（图 1-2）等。

图 1-1　Androstar®冷冻稀释液

图 1-2　田园奥瑞®冷冻稀释液

1.3.1.1 冷冻保护剂

截至目前，各国学者仍然在糖类的选择上进行着大量研究，力求选择出最佳的糖类作为冷冻保护剂。冷冻保护剂主要分为具有一定毒性的渗透性冷冻保护剂（如甘油）和无毒或非渗透性冷冻保护剂（双糖和多糖类）两类。多种冷冻保护剂"鸡尾酒"组合是目前应用的主要形式，其中 OEP（Orvus ES Paste）是一种合成洗涤剂，主要成分为十二烷基硫酸钠（SDS）。OEP 是一种仅在猪精液冷冻中使用的渗透性冷冻保护剂，与甘油配合使用对猪精子有较好的冷冻保护效果。周佳勃等（2002）在冷冻保护液中添加 1% OEP，使冷冻精液活力提高 5% 以上。项智锋等（2005）报道，在稀释的不同阶段添加 0.25%SDS 或 OEP 均能显著提高冷冻精子活率，SDS 和 OEP 对冷冻精液活率的影响无显著性差异。美国 MOFA公司也在冷冻液中添加 1% Equex STM 膏（成分与 OEP 相似），以便提高冻后活力。

在导致顶体膜破损和改变顶体膜通透性等方面，有报道将甘油和乙二醇配合使用，充分利用甘油对精子尾部及乙二醇对精子头部较好的保护作用。也有的通过添加其他物质和减少平衡时间来降低甘油毒性。张树山等（2009）研究在冷冻保护液中添加 N，N－二甲基甲酰胺（DMF），发现其与甘油配合使用效果较好，最佳配合浓度为 20 mL/L DMF 和 10 mL/L 甘油。德国米尼图及美国 MOFA 公司将冷冻液的甘油添加量降到 3%。美国 MOFA 公司同时通过减少加含甘油的冷冻保护液后的平衡时间来降低甘油毒性，要求15 min 内开始冷冻。

在糖类的选择方面，Fernando（2005）研究认为，在冷冻保存液中添加乳糖对猪精子细胞膜有一定保护作用。张树山等（2006）研究发现，在冷冻保存液中添加海藻糖和蔗糖浓度均为 0.035 g/mL，可显著提高猪精子冷冻解冻后的活率和活力，优于乳糖组和对照组；张婷等（2008）在冷冻保护液中添加不同浓度的海带多糖，研究其对猪精子冷冻解冻的影响，结果表明猪精液冷冻保存液中添加 0.5～1.5 mg/mL 海带多糖冷冻保护效果最佳，其中浓度为 1.0 mg/mL 时效果最好。李青旺等（2010）研究表明，添加 6 mg/mL 红景天多糖，可以提高猪冷冻精子的品质，并且具有一定的抗氧化作用。

另外，透明质酸（hyaluronic acid，HA）是由双糖单位（葡萄醛酸-Ｎ-乙硫氨基葡糖）组成的直链高分子多糖，根据 Pena 等（2005）研究结果表明，添加浓度为 500 mg/mL 和 1 000 mg/mL 时，冷冻保护效果最佳。

1.3.1.2　冷冻添加剂

（1）抗氧化剂　近年来，在猪精液冷冻稀释液中使用抗氧化剂已经成为研究热点。精子在冷冻过程中易于出现质膜过氧化损伤，应克服精子质膜冷冻过程中的过氧化级联反应，并阻断或防止氧化应激造成猪精子的冷冻损伤。在研究中发现，适量添加超氧化物歧化酶（SOD）、过氧化物酶（CAT）、丁羟甲苯（BHT）、甲基黄嘌呤类、谷胱甘肽、褪黑素或维生素 E 及其类似物均可对精子起到明显的保护作用。

SOD 和 CAT 是抗氧化物酶。Roca 等（2005）研究发现，SOD 和 CAT 都可以降低解冻猪精液中活性氧簇（ROS）的含量。配合或单独使用 SOD 和 CAT 均可以提高解冻后精子的活率，只添加 400 IU/mL CAT 时，受精卵的卵裂率和囊胚发育率分别为 45.7% 和 24.8%，与对照组相比（24.3%、9.5%）有显著提高；当混合添加 300 IU/mL SOD 和 400 IU/mL CAT 时，可以提高受精卵的囊胚率（31.7%）和卵裂率（54.17%），且显著高于对照组（17.5%、30.8%）。以上研究结果表明，CAT 和 SOD 在精子冷冻保存中对精子具有重要的保护作用。任俊玲等（2012）报道，猪冻精中联合添加 100 IU/mL SOD 和 200 IU/mL CAT 时，显著提高了冷冻-解冻后猪精子活率和质膜完整率及顶体完整率。

维生素 E（alpha-tocopherol）也是一种常用的抗氧化剂，可有效防止精子质膜多不饱和脂肪酸的过氧化，显著提高精子活力。Yeon-JiJeong 等（2009）研究结果表明，在猪冷冻稀释液中添加维生素 E 时，热休克蛋白 HSP70 的含量较多，且差异显著，对精子的保护效果比较明显。Breininger（2005）和谷合勇等（2011）均报道，稀释液中添加维生素 E 浓度为 0.4 mg/mL 时，解冻后的精子活力最高，显著高于其他对照组。

褪黑素（melatonin，MLT）也具有较好的抗氧化作用。杜立银等（2009）研究报道表明，在冷冻保护液中添加 1×10^{-5} mol/L MLT，可有效抑制由 ROS 引起的精子氧化损伤，降低精液中过氧化产物丙二醛浓度，显著提高精子活率、活力、质膜完整率、顶体完整率和线粒体膜的活性，对猪冷冻精液具有明显的保护作用。

咖啡因是一种生物碱，有兴奋中枢神经的作用。Casillas（1970）首次发现咖啡因在冷冻精液保护中的作用。谷合勇等（2011）报道，解冻稀释液中添加咖啡因浓度为 0.2 mg/mL 时，可极显著地提高解冻后的精子活力。

此外，刘丑生等（2005）研究发现，在冷冻保护液中添加 2% 安钠咖和 1% 三磷酸腺苷（ATP），对解冻后精子的活力及存活时间有明显改善作用。

（2）抑菌剂　除通过采用精液自动采集系统从源头上大幅度降低精液中细菌含量外，利用新型广谱抗生素代替传统青霉素和链霉素，多种抗生素低浓度结合使用（即"鸡尾酒"法）有更好的抑菌效果且可在一定程度上降低抗生素耐药性。此外，一类广泛分布于昆虫、动植物中的抗菌肽被认为是传统抗生素的替代物，具有微量抗菌谱广、抗带包膜病毒的作用，且几乎无耐药性，而动物精液中也存在丰富的具有抑菌功能的抗菌肽。有研究报道表明，一些通过生物合成的抗菌肽在精液保存试验中具有较好的抑菌效果。

（3）抗冷休克成分　鸡蛋卵黄一直是家畜精液冷冻中应用至今的抗冷休克成分。研究者们尝试使用大豆卵磷脂成分取代鸡蛋卵黄，发现除具有较好的生物安全性外，还有利于冷冻稀释液（粉）的标准化生产。目前，已有非生物源成分的商品化冷冻稀释液（粉）上市（出于商业机密原因，部分冷冻稀释液研发成果报道较少）。

1.3.1.3 猪精液预处理稀释液与冷冻稀释液的配伍效应

胡建宏（2006）报道，Schonow 和 BTS 与冷冻基础液 TCG 的配伍效应最佳，冻后精子活力高，与 TCF 的配伍效应最差。同时也说明精液预处理稀释液是影响冻后精子活力的主要因素之一，并且精液用含冷冻剂的冷冻液 II 液稀释后平衡时间不同，其配伍效应也具有一定差异。精液冷冻稀释液与预处理稀释液之间存在明显的配伍效应，在精液冷冻过程中，应根据不同的冷冻程序而采用相应的预处理稀释液与冷冻稀释液。关于精液预处理稀释液与冷冻稀释液之间相互关系和作用的具体机制，还有待于进一步深入探讨。

1.3.2 生产工艺

1.3.2.1 采精

自动采精系统取代传统的手握法（图 1-3），可大幅度降低猪精液中的细菌数量，提高猪冻精品质。

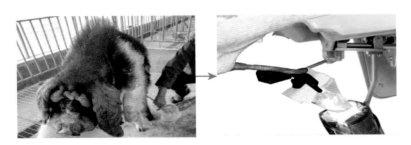

图 1-3 自动采精系统取代传统的手握法

1.3.2.2 精液处理

针对猪精子"冷休克"敏感和精液量大的特性，研究人员摸索出一套特有的猪精液浓缩、降温平衡和冷冻-解冻工艺（图 1-4）。首先通过离心方法几乎去掉全部精浆，按照鲜精密度和冷冻后精子密度要求添加冷冻稀释液（第一次稀释，添加不含有甘油和 OEP 成分的冷冻保护液 I 液）。降温平衡分为 17 ℃和 4 ℃两个阶段，时间较长（均在 2 h 以上）。4 ℃条件下，平衡后即进行第二次稀释

（添加含有甘油和 OEP 成分的冷冻保护液Ⅱ液）。

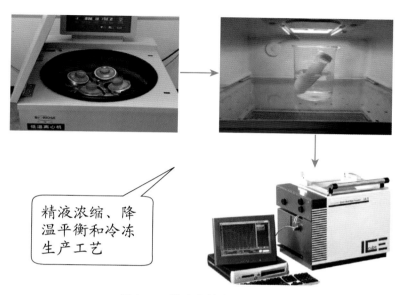

精液浓缩、降温平衡和冷冻生产工艺

图 1-4　猪冷冻精液生产工艺

1.3.2.3　冷冻

可精准控制降温的精子冷冻仪取代传统熏蒸方法（图 1-5），一定程度上实现快速通过冰晶体阶段，可明显提高猪冻精品质和工作效率。

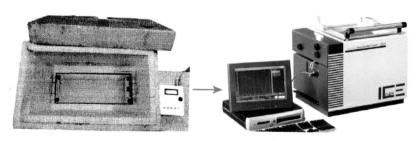

图 1-5　可精准控制降温的精子冷冻仪取代传统熏蒸方法

1.3.2.4 精液载体

在猪精液冷冻剂型方面，最初是在玻璃瓶、玻璃试管中加入稀释后的精液进行冷冻保存。目前，猪精液冷冻剂型大多以 0.25 mL 微型细管、0.5 mL 中型细管、1 mL 中型细管和 5 mL 大型细管为主。0.25 mL 微型细管、0.5 mL 中型细管普遍用于保种工作中，5 mL 大型细管普遍用于商业猪冷冻精液生产中，1 mL 中型细管只有百钧达科技发展（北京）有限公司使用。以上保存方式有着各自的优缺点。

从低温生物学技术来说，小剂量包装类型有较大的表面积/容积比，可以达到较好的冷冻和解冻速率，且适合超低温冷冻保存的剂型形状，可以提高精液冷冻质量，但由于单根冷冻保存剂量小，猪人工授精一次需要的精液数量非常大，因此不利于生产实践的推广应用。冷冻细管较适于自动化、标准化生产，且不容易遭受污染，容易标记。目前就国内外应用来看，为了保证冷冻精子的质量，冷冻细管已取代颗粒、安瓿等剂型成为冷冻精液的标准剂型。

1.3.3 冷冻精液生产技术利用

自 2009 年起，在国家生猪良种补贴项目与国家生猪核心育种场建设等的推动下，国内猪场的引种模式开始发生改变，养猪企业开始理性地由引进种公猪向根据自身需求引进、订制种猪精液转变。尤其在 2018 年至今非洲猪瘟横行的大背景下，猪冷冻精液开始受到猪育种和生产企业的重视和青睐，这种转变极大地推动了猪冷冻精液的商业化生产和应用进程，部分育种企业下属种公猪站的冷冻精液已处于供不应求状态。据上海祥欣公猪站报道，标准化场母猪受胎率 85% 以上，家庭牧场母猪受胎率 72% 以上，受胎率低于常温精液 10%，产仔数低 2 头，在引种方面被大家认可程度较高。上海祥欣公猪站、山西猪巴巴种猪育种有限公司在 2017—2019 年，仅在山西省就推广优质冷冻精液配种 6 000余头份。

在猪冷冻精液运用于保种方面，全国畜牧总站畜禽种质资源保存中心从 2003 年起开始探索利用冷冻精液保护猪遗传资源，2012 年至今制作保存了 13 个地方品种的冷冻精液 30 多万剂。潍坊江海原种猪场于 2018 年建成山东首个猪冷冻精子库。上海市农业科学院在 2019 年年底已完成本地区地方猪品种（梅山猪、枫泾猪、浦东白猪和沙乌头猪等）的"冷冻精子库"建设任务。从 2019 年 6 月起，为有效应对非洲猪瘟疫情对地方猪遗传资源的威胁，我国全面启动了国家级地方猪遗传材料采集保存工作，全面采集地方猪精液并以冷冻精液的形式收入国家级家畜基因库长期保存（图 1-6、图 1-7）。

保存334个品种、1.8万余个个体、3.6万余份血液或DNA

保存111个品种胚胎、精液、体细胞60万余份

信息管理有序、录入快捷、保存位置查找方便

实时监控、自动添加液氮

图 1-6　全国畜牧总站国家级家畜基因库建设情况

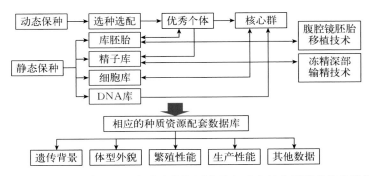

图 1-7　上海地区建立的地方猪遗传资源库及相配套的电子遗传信息数据库

2 公猪生殖生理

2.1 公猪生殖器官及其机能

公猪的生殖器官（图 2-1）包括：①睾丸；②输精管道，分别为附睾、输精管和尿生殖道；③副性腺，分别为精囊腺、前列腺和尿道球腺；④阴茎。

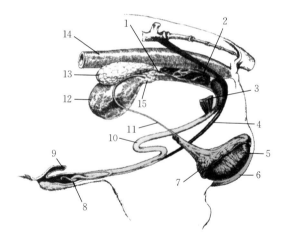

图 2-1 公猪的生殖器官

（来源于 Palmer J. Holden、M. E. Ensminger）

1. 尿道 2. 尿道球腺 3. 坐骨海绵体肌 4. 牵缩肌阴茎肌肉

5. 睾丸 6. 阴囊 7. 附囊 8. 阴茎 9. 包皮憩室 10. 阴茎 S 状弯曲

11. 输精管 12. 膀胱 13. 精囊腺 14. 直肠 15. 前列腺

2.1.1 睾丸

睾丸为长卵圆形，其长轴倾斜，前低后高；质量为 900～1 000 g，占体重的 0.34%～0.38%；睾丸的表面被以浆膜，内部有睾丸纵隔、睾丸小叶、曲精小管、精索及输出小管。睾丸分散在阴囊的两个腔内。在胎儿期一定阶段，睾丸才由腹腔下降入阴囊内。成年公猪有时一侧或两侧睾丸并未下降入阴囊，称为隐睾。隐睾猪睾丸的分泌机能虽未受到损害，但睾丸对温度的特殊要求不能得到满足，因此生殖机能受到影响。如系双侧隐睾，虽表现出些许性欲，但无生殖能力。选择公猪留种时，应注意是否存在隐睾。

睾丸是具有内外分泌双重机能的性腺。

（1）生精机能 每克睾丸每天大约能产生 2 700 万个精子。睾丸生理功能正常的公猪，睾丸越大，精子的产量越多。当然，精子产量还与年龄、精细管的结构和机能有密切的关系，精细管的结构和机能又受遗传、妊娠期及出生后营养状况影响。

（2）分泌雄激素机能 间质细胞分泌的雄激素（睾酮），能激发公猪的性欲及性兴奋，刺激第二性征、阴茎及副性腺发育，维持精子发生及附睾精子的存活。

2.1.2 附睾

附睾附着于睾丸的附着缘，分头、体、尾三部分。睾丸输出管在附睾头部汇成附睾管。附睾管极度弯曲，其长度 50～60 m，管腔直径 0.1～0.3 mm。管道逐渐变粗，最后过渡为输精管。附睾是精子最后成熟的地方，也是精子贮存的地方，公猪附睾内贮存的精子数有 2 000 亿个之多，而其中的 70%贮存在附睾尾。猪精子在附睾内能存活 4～5 周，甚至长达 60 d 仍具有受精能力。但如贮存过久，则活力降低，畸形精子数增加，最后死亡被吸收。所以长期不采精或不配种的公猪，第一、二次采集的精液，会有较多衰弱和死亡的精子。反之，如果配种或采精过频，则会出现发育不成熟的精子，因此要掌握好配种或采精频率。

2.1.3　输精管

输精管由附睾管延伸而来，沿腹股沟管到腹腔，折向后方进入盆腔。输精管是一条壁很厚的管道，主要功能是将精子从附睾尾部运送到尿道。输精管的开始部分弯曲，后即变直，到输精管的末端逐渐形成膨大部，称为输精管壶腹部，其壁含有丰富的分泌细胞，在射精时具有分泌作用。输精管在接近膀胱括约肌处，通过一个裂口进入尿道。输精管的肌层较厚，交配时收缩力较强，能将精子排送入尿生殖道内。输精管内通常也贮存一些精子。

切除或结扎输精管是让公猪不育的一种手术，经常利用使用这种方法处理后的公猪进行母猪发情鉴定。

2.1.4　副性腺

副性腺包括精囊腺、前列腺、尿道球腺。射精时，副性腺的分泌物与输精管壶腹的分泌物混合在一起称为精清，与精子共同组成精液。副性腺具有为精子提供营养物质、稀释和运输精子、冲洗尿生殖道等功能。

2.1.5　尿生殖道

尿生殖道是排精和排尿的共同管道，分骨盆部和阴茎两个部分，膀胱、输精管及副性腺均开口于尿生殖道的骨盆部。

2.1.6　阴茎

阴茎是公猪的交配器官，伸展时至少达 50 cm，分为阴茎根、阴茎体和阴茎头三部分。猪的阴茎较细，在阴囊前形成 S 状弯曲，龟头呈螺旋状，上有一浅沟。阴茎勃起时，S 状弯曲即伸直。

2.1.7　包皮

包皮是由皮肤凹陷而发育成的皮肤褶。在不勃起时，阴茎头位于包皮腔内。公猪的包皮腔很长，有一小袋或憩室，内有具有异味的液体（尿液、生殖分泌液等）和包皮垢，它们的分解与公猪强烈的气味相关联。采精前一定要排出包皮内的积尿，并对包皮部进行彻底清洁。在选留公猪时应注意，包皮过大的公猪不要留作种用。

2.2 精子形成及其结构、特性

2.2.1 精子的发生

在睾丸的精细管中，从精原细胞的分裂增殖到精子形成的过程，称为精子的发生。这个过程包括精原细胞的分裂，初级精母细胞的形成，初级精母细胞经第一次减数分裂形成次级精母细胞，次级精母细胞再完成第二次减数分裂形成精子细胞，最后由精子细胞变态生成精子。

2.2.2 精子发生的特点

与母猪卵子的发生相比，精子的发生表现出更为复杂的特点。

（1）公猪一般在接近初情期时才开始精子的发生过程，母猪早在胚胎期或出生之前就完成了一生生殖细胞的储备。

（2）公猪每时每刻都有成千上万个精子生成，母猪在每个发情周期中只能产生一个或数个成熟的卵子。

（3）公猪的精子最后变形为蝌蚪状，母猪最终形成的卵子为圆形。

（4）公猪精子的发生不但有时间变化规律，即精子发生周期，同时还有空间变化规律，即精细管上皮波。精子发生是在精细管内由精原细胞经精母细胞到精子细胞的分化过程，然后精子细胞在睾丸精细管内变态形成精子。母猪卵子的发生随发情周期有一定的时间变化规律。

2.2.3 精子发生、形成和成熟的时间

精子发生、形成和成熟的过程大约需要 44 d。精子细胞的成熟大部分发生在附睾中，精子贮存和累积在附睾中等待交配。在评定

精子质量时应注意，若疾病或其他应激（包括环境及营养）损伤了精原细胞及未成熟精子，4～6周后这些精子仍会出现在精液中。如射精频率从每5d1次增加到每天1次以上，每次采精排出的精子数目会显著下降，且未成熟精子的百分率也会增加。频繁采精会降低公猪的性欲和繁殖力。正常情况下，一头休养较好公猪产生的第一批精液是最有受精力的。公、母猪首次交配的时间安排十分重要。若是本交配种，建议应在公、母猪达到最佳受精时间时才配种，即在它们站立发情开始后12～36 h。

　　另外，通过改善环境及营养等条件来提高精液品质，需要在44 d后才会显现效果。不良的条件，如营养条件差、环境温度过高或过低，舍饲应激或疾病（包括注射疫苗）等均能影响精液品质并导致公猪暂时不育。例如，由睾丸的温度达到35 ℃以上引起的温度应激的公猪可预期表现出受精力降低，直到应激结束后44 d。如果温度应激延长或严重，这头公猪则可能永久不育。因此，应在高峰配种期前44 d开始改善公猪的饲养管理。

2.2.4　精子的形态和结构

　　精子呈蝌蚪状，分为头部、颈部、尾部三部分（图2-2）。

2.2.4.1　头部

　　精子的头部呈扁卵圆形，主要由细胞核构成，其中主要含有核蛋白、DNA、RNA、钾、钙和磷酸盐等。核的前面被顶体覆盖，顶体是一双层薄膜囊，内含精子中性蛋白酶、透明质酸酶、穿冠酶、ATP酶及酸性磷酸酶等，都与受精过程有关。顶体是一个相当不稳定的部分，容易变性和从头部脱落。温度、pH及渗透压变化均会损伤顶体。如果顶体受损，精子就不再具有受精力，所以在进行精液稀释处理时应尽可能避免这些变化。

2.2.4.2　颈部

　　颈部主要由精细胞的中心小体衍化而来，是精子尾部纤丝的起点。颈部相对细小，因而是精子最脆弱的部分，在精子成熟、体外处理和保存过程中，极易受到不利因素的影响而断裂，造成头尾分

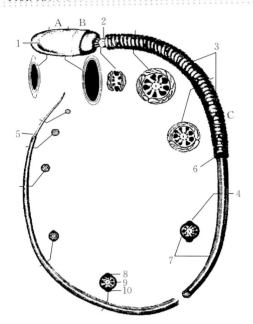

图 2-2　哺乳动物精子的超微结构（质膜已去掉，示各部相应位置的断面）

（改绘自 Bloom 与 Fawett，1975）

A. 头部　B. 颈部　C. 尾部

1. 顶体　2. 头尾连接段　3. 中段的线粒体鞘　4. 主段　5. 末段

6. 终环　7. 主段的纤维鞘　8. 背侧纵柱　9. 肋柱　10. 腹侧纵柱

离，形成无尾的精子而失去功能。如果在颈部有原生质滴出现，则表明该精子还没有成熟，属于一种畸形精子。

2.2.4.3　尾部

精子的尾部是精子运动的动力所在，是精子运动的推进器。精子的运动不仅可使精子从子宫颈到达输卵管，而且在受精过程中能推动精子头部进入卵子。不动的精子不具备受精能力。精子天生尾部异常属于遗传缺陷，表现为卷曲、双尾和线尾。不动的精子可能由于不当的处理和保存造成，尾部弯曲常常由温度或 pH 的突然变化所致。机械应激或渗透压的变化，也会导致精子头部和尾部断裂。尾部长约 $50\ \mu m$，一般由中段、主段和末段组成（图 2-2）。

（1）中段　中段长 $3\sim5\ \mu m$，外周由线粒体鞘、致密纤维及精子膜组成。线粒体变成螺旋状围绕外周致密纤维，在中段有 2 条中心纤丝，周围由外圈较粗的 9 条和内圈 9 对纤丝组成的两个同心圆环绕着。

（2）主段　主段是尾部最长部分，长 $30\sim50\ \mu m$，没有线粒体的变形物环绕。在主段近中段端有 2 条中心纤丝、9 对内圈和 9 条纤丝，但主段越向后，纤丝的直径差异就越小，最后外圈的纤丝消失，在外面有强韧的蛋白质膜包裹着。

（3）末段　末段较短，长 $2\sim5\ \mu m$，纤维鞘消失，其结构由纤丝及外面的精子膜组成。

2.2.5　精子的特性

2.2.5.1　精子的生活力

精子在其生命活动过程中，与一般生物相似，不中断生理机能，持续保持活力和代谢。但在不同的条件下，特别是在不同的温度条件下，精子的代谢和活动能力差异很大。在冷冻状态下，精子为了维持其生命活动，利用精液中的代谢基质进行复杂的代谢过程。

精子在附睾内贮存时活动力微弱，当射精时与副性腺分泌物混合就具有了活动能力，而且随温度的升高活力增强，但精子的活力与代谢能力有关，活力越强，精子消耗的能量越多，存活的时间就越短。

（1）精子活动的形式　在光学显微镜下可以观察到精子有以下一些活动方式。

① 直线运动：精子在适宜的条件下，以直线前进，在 40 ℃以内的温度下，温度越高，直线前进运动越快。

② 摆动：头部左右摆动，没有推进力量。

③ 转圈运动：精子围绕一处作圆周运动，不能直线向前行进。

以上精子的活动方式，只有直线运动才是正常的活动方式。精子在前进运动时，由尾部的弯曲传出有节奏的横波，这些横波自精子的头端或中段开始向后达到尾端，横波对精子周围的液体产生压力，使精子向前泳进。

（2）精子的运动机制　精子代谢得到的能量供精子活动消耗。二磷酸腺苷（ADP）水解得到的能量可使尾丝中类似肌动球蛋白物质的分子排列发生改变，从而引起尾丝的收缩。同时，在纤维中存在着一种能使 ATP 去磷的酶，称为 ATP 酶，它具有促进纤丝收缩的功能。

（3）精子运动的特性　精子在液体状态或母猪生殖道内运动时有其独特的形式。

① 向流性：在流动的液体中，精子表现为向逆流方向游动，并随液体流速运动加快，在母猪生殖道管腔中的精子能沿管壁逆流而上。

② 向触性：在精液或稀释液中有异物存在时，如上皮细胞、空气泡、卵黄球等，精子有趋向异物边缘运动的特性，表现为其头部钉住异物作摆动运动。所以在配制稀释液时一定要充分溶解，取卵黄时不能有蛋清和卵黄膜。

③ 向化性：精子有趋向某些化学物质的特性。母猪体内的卵细胞可能分泌某些化学物质，吸引精子向其方向运动。

（4）精子运动的速度　哺乳动物的精子在 37～38 ℃的温度条件下运动速度较快，温度低于 10 ℃时基本停止活动。

2.2.5.2　精子的存活时间

精子的存活时间，因其所处的环境、温度及保存方法的不同而差异很大。

（1）在公猪生殖器官内的存活时间　猪精子在附睾内能存活4～5 周，甚至长达 60 d 仍具有受精能力。

（2）射出后精子的存活时间　射出后精子的存活时间，因品种、个体、保存方法、温度、酸碱度、稀释液的种类等因素而有较大差异。一般认为射出后精子活力越好，则保存的时间就越长，受精能力也越高。要延长精子在体外的保存时间，就要抑制精子的活动，减少能量消耗。降低保存温度、pH，可延长精子的保存时间。温度是影响精子存活时间的重要因素。冷冻保存精液可使精子保存的时间无限延长。

3）精子在母猪生殖道内的存活时间　精子在母猪生殖道内的部位不同，存活时间也不同。阴道环境对精子存活不利，因此存活的时间较短；精子在子宫颈可存活约 30 h，在子宫液内可存活约 7 h。但精子在母猪生殖道内的存活时间也与精子本身的品质和生殖道的生理状态有关。精子在母猪生殖道内的存活时间，关系到精子的受精能力。存活时间长，精子受精能力强；存活时间短，精子受精能力弱。

2.2.5.3　精子的代谢活动

精子为了维持其生命，在体内、体外都要进行复杂的物质代谢活动，其中主要是精子的糖酵解作用和呼吸作用。糖类是维持精子生命力的必要能源，但在精子中含量很少。精子必须依靠精清中外源基质为原料，通过糖酵解过程，为精子提供能量来源，维持其生命和活动力。所以不经过稀释的精液存活时间不长，尤其是经过浓缩的冷冻精液，更应注意糖类补给。生产中降低温度、隔绝空气和充入 CO_2 等，可使精子减少呼吸活动，延长生存时间。

2.2.5.4　精子的凝集性

精子在溶液内失去活力，多数情况下是由于精子发生凝集。引起凝集的原因，一是理化学凝集；二是免疫学凝集。一定浓度的酸碱离子、铝盐、铅盐等能使精子凝集，而柠檬酸钠有抗凝集作用。精子或精液通过交配进入母猪体内，可能产生相应的抗体，使精子发生运动障碍和凝集，引起免疫性不孕。生产中，若某一头母猪在使用某一头公猪精液时总不受精，就要考虑是否二者存在免疫学凝集，若有凝集以后就要避开。

2.2.6　外界因素对精子存活的影响

外界很多因素影响精子的代谢和生活力：有些因素刺激精子，促进其活力和代谢，但使精子的生存时间缩短；有些因素有抑制精子活力的作用，从而使精子的生存时间延长；另有一些因素能直接杀死精子。在实际生产中开展人工授精时，应规避有害因素，正确利用有利因素，使精子保存在合适的环境之中，延长其保存时间。

2.2.6.1　温度

最适合精子运动和代谢的温度是 37～38 ℃。

（1）高温　高温可使精子的代谢和活动增强，消耗能量速度加快，促使精子在短时间内死亡。40 ℃以上的高温，精子代谢、运动异常增进。假如温度进一步升高，原生质即发生凝固、蛋白质发生变性而死亡，由于存在个体差异，一般认为精子耐热的临界温度为 54.5～56 ℃。

高温的环境（32～40 ℃）影响精子在睾丸内的生存，可使睾丸精细管退化，精液品质下降。我国南方夏季温度长期超过 25 ℃后，精液质量会明显变差、活力下降、畸形率增加、密度变小，以至不能用于人工授精或制作冷冻精液。

高温可很快增加畸形精子的数量，但增加的畸形精子往往在处理 2 周后才出现，这是由于最早受影响的精子从睾丸经管道排出体外需要 2 周左右的时间。

（2）低温　与牛相比，低温冲击对猪精子的有害影响更为显著。低温可使精子的代谢能力降低，活动力减弱。在 0～10 ℃时，精细胞的代谢、运动力很低，此时是维持生命的最好温区，所以在冷冻保存精液技术开发以前，精子体外保存的最合适温度是 0～10 ℃。生产中，精子冷却是指将精液的温度降低到 5 ℃的过程。15～20 ℃是精子温度敏感区。快速降低精液温度可导致精子冷休克。冷休克的主要表现是精子失去活力，精子呼吸活动水平下降，胞膜对离子的通透性增加（如 Ca^{2+}、Na^+、K^+、ATP 及酶等），因此应缓慢降温以防止冷休克。乙二胺四乙酸（EDTA）、卵磷脂、蛋白质、蛋黄及牛奶可能防止或减少精子冷休克。

（3）超低温　－196 ℃液氮超低温保存，可使精子的代谢和活动力基本停止，因此在此条件下可长期保存精子。

精子在冷冻过程中的损伤主要由冰晶的形成引起。降温过程中，在−60～0.6 ℃温区内缓慢降温能形成冰晶，降温速率越慢，所形成的冰晶越大，特别以−25～−15 ℃时冰晶形成最多。生产冷冻精液降温过程中，在−60～0 ℃时，一般应以每分钟30 ℃左右的速度下降。

2.2.6.2 光线和辐射

光的刺激促进氧化，产生的代谢中间产物 H_2O_2 对精子有害。采精、处理过程中应注意避免日光照射。X射线对精子的活力、代谢和存活力有一定影响。

2.2.6.3 pH

pH影响精子的代谢和活动力。处于偏酸的环境中时，精子运动、代谢能力减弱，但维持生命的时间延长；处于偏碱的环境中时，精子活动能力和代谢能力提高，但精子的存活时间显著缩短。

2.2.6.4 渗透压

精子应与周围环境如精清或稀释液保持基本等渗。如果精液或稀释液的渗透压高，易使精子本身的水分脱出，造成精子皱缩；如果精清和稀释部分的渗透压低，水分就会渗入精子体内，使精子膨胀。精子对渗透压有逐渐适应的能力，这是通过细胞膜使精子内外渗透压缓慢地趋于平衡的结果，但这种适应性有一定的限度。

2.2.6.5 离子浓度

离子浓度影响精子的代谢和运动，一般阴离子对精子的损害力大于阳离子。阳离子有 K^+、Na^+、Ca^{2+}、Mg^{2+} 等；阴离子有 Cl^-、HCO_3^-、PO_4^{3-}、SO_4^{2-}、柠檬酸离子等。

2.2.6.6 稀释

精子射出后在精液中能活泼运动，经适当的稀释后活力更好，精子的代谢和耗氧量增加。有研究认为，超过1.8倍稀释后，从精子内渗出 K^+、Mg^{2+}、Ca^{2+}，而 Na^+ 向精子内移动，但这种代谢性的变化因稀释液的种类不同而不同。精液经高倍稀释，对精子的存活力、受精能力都有不良影响。这是因为高倍稀释后，覆盖在精子表面的膜发生变化，使细胞的通透性增大，细胞内的各种成分向外渗出，而外界的离子向精子内部入侵，给代谢和生存能力带来影响。在稀释液中加入卵黄，可以减少高倍稀释的有害影响。

2.2.6.7　气相

氧对精子的呼吸是必不可少的。精子在有氧的环境中，能量消耗增加，CO_2 积累增多，但在缺氧的情况下，CO_2 积累能抑制精子的活动。在 $100\%CO_2$ 的气相条件下，精子的直线运动停止。若用氮和氧代替 CO_2，精子的运动可以得到恢复。另外，25% 以上 CO_2 可抑制猪精子的呼吸和分解糖的能力。

2.2.6.8　其他因素

另有一些因素也能影响精子的活力和存活力。向精液或稀释液中加入抗生素、磺胺类药物，能抑制精液中病原微生物的繁殖，从而延长精子的存活时间。在稀释液中加入甘油后冷冻精液，对精子具有防冻保护作用，可以提高精子复苏率。精子的有氧代谢还受激素的影响，胰岛素能促进糖酵解，甲状腺素能促进牛精子对氧的消耗和对果糖、葡萄糖的分解。睾酮、雄烯二酮、孕酮等能抑制绵羊精子的呼吸，在有氧条件下能促进糖酵解。

有些药品能抑制精子的活力和杀死精子，如酒精等一些消毒药品能直接杀死精子。

2.3　精液的理化性状及其质量影响因素

精液（semen）由精子和精清两部分组成。不同种家畜在每次射精中精清的含量差异很大，从而决定了各种动物的精液量。反刍动物的射精量很少，精子占精液的 10% 以上。猪、马等射精量多，精子只占精液的 3% 左右。

2.3.1　精液的理化性状

精液的外观、气味、精液量、精子密度、pH、渗透压、比重及黏度等为精液的一般理化性状。

2.3.1.1　外观

猪正常精液的颜色为乳白色或灰白色，精子密度越大，颜色越白；密度越小，颜色则越淡。如果精液颜色异常，说明精液不纯或公猪有生殖道病变，如呈绿色或黄绿色，可能混有化脓性物质；呈淡红色时，可能混有血液；呈淡黄色时，可能混有尿液等。对于颜色异常的精液，均应弃去，同时，对公猪进行对症治疗。

猪精液中含有淀粉状的固态胶状物，白色或灰白色半透明，能凝固、富有黏着性。胶状物在自然配种时形成子宫栓，可防止精液倒流，而在人工授精时，应在采精时用纱布将其过滤除去。

2.3.1.2　气味

正常的公猪精液略有腥味。对于有特殊臭味的精液，可能其中混有尿液或其他异物，不可留用。同时，应检查采精过程操作是否正确，找出原因。

2.3.1.3　精液量

精液量因品种、品系、年龄、采精间隔时间、气候和饲养管理水平等不同而不同。进口品种公猪的射精量一般为 $150\sim300$ mL，有的高达 $700\sim800$ mL，地方品种为 $40\sim250$ mL。

2.3.1.4　精子密度

精子密度指每毫升精液中含有的精子数量，是确定精液稀释倍数的重要依据。精液量与精子密度也因年龄、类群等有所差异。进口品种公猪的精子密度为 2.0 亿~3.0 亿个/mL，有的高达 5.0 亿个/mL，地方品种 0.5 亿~2.0 亿个/mL。

2.3.1.5　pH

决定精液 pH 的主要是副性腺分泌液。精子生存的最低 pH 为 5.5，最高为 10。一般来说，精液的 pH 偏低，则精子活力较好。pH 超过正常范围对精子有一定影响，猪精液 pH 平均为 7.5（7.3～7.8）。

2.3.1.6　渗透压

精液的渗透压以冰点下降度（$\triangle$）表示，它的正常范围为 $-0.65\sim-0.55$ ℃，一般为 -0.60 ℃。

渗透压也可以用渗透压克分子浓度（Osm）表示。精液渗透压约为 0.324 Osm。

2.3.1.7 比重

精子的比重决定于精子的密度，精子密度大，则比重大；密度小，则比重小。若将采出的精液静置一段时间，精子及某些化学物质就会沉降在下面，说明精液的比重比水大。

2.3.1.8 黏度

精液的黏度与精子密度和精清中所含的黏蛋白唾液酸有关，同时精液中含胶状物多的其黏度相应较大。

2.3.1.9 导电性

精液中含有各种盐类或离子，如其含量多，则导电性强，因而可以通过测定导电性，了解精液中所含电解质的量及其性质。猪的导电性约为 129×10^{-4} Ω。

2.3.1.10 光学特性

精液中有精子和多种化学物质，因此对光线的吸收和透过性不同。精子密度大，则透光性差；精子密度小，则透光性强。因此，可以利用这一光学特性，采用分光光度计进行光电比色，测定精液中的精子密度。

2.3.2 精液化学成分

2.3.2.1 猪精液化学成分

精液化学成分是精子和精清化学成分的总和。含核酸（DNA）、蛋白质、酶、氨基酸、脂质、糖类、有机酸、无机成分、维生素等。

在精液中有 10 多种游离氨基酸，氨基酸影响精子的生存时间。

猪精液中脂肪含量高，影响精液冷冻，生产中常要加入 SDS 等乳化剂。

糖是精液中的重要成分，是精子活动的重要能量来源。精液中的主要糖类有果糖、葡萄糖、山梨醇、肌醇、唾液酸及多糖类等。

2.3.2.2 猪精清的主要化学成分

每 100 mL 猪精清的主要化学成分：钠 587 mg、钾 197 mg、钙

6 mg、镁 11（5～14）mg、氯化物 330（260～430）mg、果糖 9 mg、山梨醇 12（6～18）mg、柠檬酸 173 mg、肌醇 530（380～630）mg、GPC 110～240 mg、麦硫因 17 mg、蛋白质 3.7 g。

2.3.2.3 猪精液化学成分的主要特点

（1）精清主要由精囊腺、尿道球腺分泌，精液中的胶状物为尿道球腺分泌。采精时，分段采得的精液中精子密度、化学成分有所差异。

（2）精液中果糖含量低，柠檬酸含量高。

（3）构成精子磷脂质中，缩醛甘油磷脂含量少。

（4）精液沉淀部分中有相当多的半乳糖。

（5）精液中有比较多的肌醇。

（6）精液中碱性磷酸酶活性高。

（7）精液中甘油磷酸胆碱含量较高。

（8）胶状物中含有较多的唾液酸。

（9）精液中含有血细胞凝集作用的蛋白质。

（10）精子在无氧条件下分解糖的能力差。

2.3.3 影响精液质量的因素

精液的性状或质量受多种因素的影响，主要有如下几个方面。

2.3.3.1 品种

不同种类动物的精液性状差异很大，猪、马的射精量多、密度小，一次射出的总精子数多，pH 略偏碱性，精液中含有较多胶状物。牛、羊等动物射精量少，密度大、pH 偏酸性。这些特性是由种间的遗传性所决定，但同一种、品种之间也有一定差异。本地猪品种和引入品种差异也较大。

2.3.3.2 年龄

同一个体因年龄不同精液性状有所差异。一般从性成熟到壮龄，精液量和精子密度呈增加趋势，壮龄后逐年下降。

2.3.3.3 个体

精液质量的个体之间差异是公认的。有些个体生产精液的数量多、质量好，有些个体精液的质量差。

2.3.3.4 营养

饲料营养水平低，精液的生产量显著下降，精液性状也差。营养不足的青年公猪的性成熟推迟，精子的形成受到抑制；成年公猪则精液质量明显下降，受胎率也下降。但营养过好，特别是饲料中的能量水平过高，会使公猪过肥，性欲下降，畸形精子增多。饲料中缺乏蛋白质和维生素也影响精液的性状，甚至缺乏某些矿物质或微量元素，都有可能影响精液的质量。因此，种公猪应全价饲养，保证其各种营养成分的需要，才能保持良好的性欲和产生优质的精液。

（1）能量　饲料能量不足，对于后备公猪，会影响其身体发育，导致生殖器官发育不良，睾丸间质细胞延迟出现，生精机能下降；对于成年公猪，会影响公猪激素分泌，导致精液产量减少，精子密度降低，精子活力变差，精子畸形率升高。饲料能量水平过高，会导致猪脂肪积存过多，身体肥胖，性欲变差，精液品质下降。

（2）蛋白质　种公猪在本交情况下，日粮中有一定量的蛋白质即能满足需要；而对于人工采精的公猪，要保证有量多、质优的精液，在蛋白质的需求上，除有足够的蛋白质，还要考虑蛋白质的类型及其含有的氨基酸种类。

不同饲料来源的蛋白质对种公猪的精液品质有不同的影响，因为蛋白质是由多种氨基酸组成的，这些氨基酸不仅是维持生长所需要的营养物质，而且是与核酸共同维持生命活动的主要物质基础。对于精子生理生化方面，某些氨基酸有着特殊作用。有研究证实，公牛精液中各种氨基酸的含量与精液质量性状有一定的相关性。天门冬氨酸、苏氨酸、丝氨酸、谷氨酸、胱氨酸、异亮氨酸、赖氨酸的含量与精子的密度呈显著正相关，与冻后畸形率呈负相关，丝氨酸、丙氨酸、胱氨酸的含量与顶体完整率呈显著正相关。

动物性蛋白质饲料中所含氨基酸较完全。对精子性状表现较有益的天门冬氨酸、苏氨酸、丝氨酸、胱氨酸、异亮氨酸、赖氨酸在动物性蛋白质饲料（鸡蛋、鱼粉）中的含量明显高于植物性蛋白质饲料（豆饼等），所以为提高精液的品质，在营养方面可补充适量的动物性蛋白质饲料。生产中采精期间建议每头公猪每天喂 1～2 个鸡蛋。

（3）维生素 A　维生素 A 对公猪繁殖有重要作用。当维生素 A 缺乏时，猪生精机能下降，精液量减少，精子密度变小，死精和畸形精子增多。通过对公猪的饲养试验发现，随着维生素 A 的供给量增加，采精量、精子活力及顶体完整率提高，而精子畸形率下降。从理论上分析，维生素 A 能够促进睾酮的合成和分泌。精清中睾酮浓度与精液品质有关，与采精量、精子冻后活力及顶体完整率均呈显著正相关，与精子畸形率呈负相关。

维生素 A 主要由胡萝卜素转化，并可在肝脏中贮存。胡萝卜素在青绿饲料和胡萝卜中较多。多年来公认的公猪体内的维生素 A 源是 β-胡萝卜素。β-胡萝卜素只有在动物体内转变为维生素 A 后才发挥生理作用。但是近年来，一些研究人员通过试验提出 β-胡萝卜素在公猪精子生成中除了具有作为维生素 A 前体物以外的特殊功能外，还可显著增加采精量，使精子生成量明显提高。因此，在种公猪日粮中应补充适量的胡萝卜素。

（4）维生素 E　维生素 E 属于脂溶性维生素，主要来源是 α-生育酚。生育酚通过促进性激素分泌提高公猪精液品质，缺乏时精子的生成作用受到抑制，畸形精子增多。维生素 E 的主要作用是保护精子细胞膜免受氧化作用的损伤，可以避免或减少体内胡萝卜素和维生素 A 被氧化。有人认为维生素 E 的抗氧化能力对体内的过氧化氢有一定作用。日粮中的维生素 E，特别是在缺少青绿饲料的情况下，不能满足公猪的需求，建议每头猪加喂维生素 E 20～100 IU/d 或适量的大麦芽。近年来的研究认为，维生素 E 的缺乏和硒的缺乏密切相关。

（5）钙、磷　合理的钙、磷供给有利于家畜的健康，不合理的钙、磷供给会直接影响到公猪精液品质，使畸形精子明显增加。对公猪过量供给钙、磷也会产生副作用，如种公猪日粮中钙、磷过量会加速骨骼的钙化速度，并可能由于软骨病而引起公猪跛足，加速公猪的淘汰。通常日粮中钙和磷的合理含量应分别为 0.9%～0.95% 和 0.7%～0.8%。

（6）硒　硒元素作为生命必需的微量元素之一，对于种公猪的繁殖机能有着重要影响，近年来已受到人们的重视。硒的生化性质和作用机制表明其在体内可以保护细胞膜和含脂细胞器免受过氧化作用的损伤，保持精子质膜的正常结构与功能，增强精子抗冻能力。当机体摄入硒不足时，谷胱甘肽过氧化物酶（GSH－PX）活性降低。在缺氧的情况下，低硒可加重细胞结构的损伤。种公猪对硒的需要量一般要高于母猪，繁殖需要量高于生长需要量。鉴于我国多数地区缺硒而导致植物饲料缺硒，建议公猪适当补硒，有利于改善精液品质。

（7）锌　锌作为动物营养中一种重要的必需微量元素，参与体内几乎所有的物质代谢过程。试验表明，血液中锌含量直接反映公猪的锌营养状况。含量不足时，睾丸的曲精细管上皮细胞会发生结构性变化，影响精子生成。锌元素对精液品质的影响明显，特别是对精子活力和顶体完整率的影响极为显著，所以当公猪采精频率增加时，饲料中锌含量也应增加。

2.3.3.5　季节与温度

猪虽然是无季节性繁殖动物，但在夏季高温期和早秋精液的质量会显著下降，死精子数、畸形精子数增加，密度变小、活力下降，其原因是高温引起热应激，影响睾丸的正常造精机能。

2.3.3.6　运动

适当的运动有利于公猪的健康，提高精液的品质。所以，种公猪应保证每天有一定时间的运动。

此外，人工采精时，精液性状还受公猪的性准备状况、采精方法和采精频率等因素影响。

2.3.4　精液性状与受胎性能的关系

了解精液各种理化性状之间的相互关系及精液理化性状与受胎

性能的关系，对于正确评价精液的质量有一定的实用意义。

2.3.4.1　精液性状之间的相互关系

有些精液性状相互之间有一定的相关性，有些则没有。精子数量与精子活力呈正相关，与 pH 呈负相关，与乳酸量呈正相关，与还原色素的能力呈负相关。精液量与 pH 呈负相关。葡萄糖含量与乳酸含量呈正相关。

2.3.4.2　精液性状与受胎率的关系

精液性状不正常的精液一般不能受胎或受胎率较低。精液的性状与受胎率之间的关系曾有过一些报道，但结果不完全一致。一般认为，精子的活力与受胎率呈正相关，精子的畸形率、死亡率与受胎率呈负相关。实际生产中，有的公猪精液活力好但受胎率低，而有的活力不好但受胎率较高，所以要根据使用过程中的具体情况来指导精液生产，对于一些有价值的公猪不要轻易放弃。

2.3.4.3　用于人工授精的精液性状要求

在日常的人工授精工作中，采精后必须及时进行精液性状的检查。精液性状不良的应废弃，否则会影响猪的正常受胎率。

3 猪冷冻精液生产技术

　　猪冷冻精液生产的核心技术是精液稀释方法。精液稀释的重要目的是保护精子在降温、冷冻和解冻过程中免受低温损伤。目前猪冷冻精液稀释方法主要分为一次稀释法、二次稀释法、三次稀释法3种。

　　一次稀释法：将采出的精液用含有甘油的等温稀释液按比例一次加入。这种方法常用于颗粒精液，近年也应用于细管型、安瓿型或袋装精液。该方法使得甘油对精子的化学损伤作用较大，而且做出的冷冻精液精子密度小，每次输精需要解冻的数量特别大，同时贮存、运输也不方便，目前一般不采用该方法。

　　二次稀释法：此法能尽量减少甘油对精子的有害作用。具体方法是将采得的精液在常温的等温条件下，立即用不含甘油的第一液，根据精液品质按比例稀释。稀释后的精液先缓慢降温至15 ℃维持4 h，再从15 ℃经1 h降至5 ℃，然后用等温的含甘油的第二液进行稀释。这种方法虽然降低了甘油对精子的化学损伤，但缺点是精子密度低，每次输精需要解冻的数量多。还有一种独特的二次精液稀释法，即将采集的浓份精液直接放到保温瓶中，在室温环境下静置2 h，再进行离心（800 g，10 min），除去精清，并做第一次稀释；然后2 h降温至5 ℃，再做第二次稀释。实际就是少了第三种方法的原精稀释环节。这种方法不利于长距离运输后制作。

　　三次稀释法：精液采集后，首先用原精稀释液进行第一次等温稀释，稀释后移入17 ℃条件下降温平衡一段时间，冷却降温后进行离心，离心后弃除上清；在17 ℃条件下，进行第二次等温稀释，稀释后缓慢降到5 ℃，平衡；在5 ℃条件下，用含甘油的稀释液进行第三次等温稀释，稀释后的精液分装冷冻。

三次稀释法是目前比较流行的方法，适用于各种细管及扁平袋等的冷冻。本书介绍的猪冷冻精液生产技术是围绕三次稀释法展开。

3.1 采精

3.1.1 后备公猪的调教

瘦肉型后备公猪一般4～5月龄开始性发育，7～8月龄（地方猪4～5月龄）进入性成熟。我国一般的养猪企业，后备公猪6月龄左右体重达90～100 kg时结束生产性能测定，此时是决定公猪是否留作后备公猪的时间，但还不能进行采精调教。准备留作采精用的公猪，从7～8月龄开始调教（本地猪4～5月龄），效果比从6月龄就开始调教要好得多，原因一是缩短调教时间；二是易于采精。这个年龄段的小公猪，喜欢爬跨其他小公猪或母猪，甚至小台凳，所以易于调教。有性经验的公猪也可调教成功，只是相对困难些，特别是一些地方品种通常都是本交的情况下会更困难。

调教时要求采精员有耐心、信心，温和、非敌意，达到"人猪亲善"，即在调教过程中不可粗暴地对待公猪，更不可殴打公猪。进行后备公猪调教的工作人员，在自己心情不好、时间不充足或天气不好的情况下不要进行调教，因这时容易将自己的坏心情强加于公猪身上而达到发泄的目的。

对于不喜欢爬跨或第一次不爬跨的公猪，要树立信心，多进行几次调教。不能殴打公猪或用粗鲁的动作干扰公猪。若调教人员态度温和，方法得当，调教时自己发出一种类似母猪的叫声或经常抚摸猪，久而久之，调教人员的一举一动或声音都会成为公猪行动的指令，并顺从地爬跨假台猪、射精和跳下假台猪。显然，一个优秀的采精人员是和自己的素质分不开的。

调教用的假台猪高度要适中，可根据公猪体高来调节，最好使用可升降式假台猪（插图3-1）。

调教时，应先调教性欲旺盛的公猪。公猪性欲的高低，一般可通过咀嚼唾液的多少来衡量，唾液越多，性欲越旺盛。对于对假台猪或母猪不感兴趣的公猪，可以让它们在旁边观望或在其他公猪配种时观望，以刺激其提高性欲。

每次调教的时间一般为 15～20 min，每天训练 1 次，1 周最好不要少于 3 次，直至爬跨成功。调教时间太长，容易引起公猪厌烦，起不到调教效果。调教成功后，要连续 3 d，每天采精 1 次，巩固和加强其记忆，以期建立条件反射。以后，每周可采精 1 次，至 12 月龄后每周采精 2 次，一般不要超过 3 次。

对于难以调教的公猪，可实行多次短暂训练，每周 4～5 次，每次 15～20 min。如果采精员或公猪表现厌烦、受挫或失去兴趣，应该立即停止调教训练。

对于藏猪、五指山猪等野性强的品种，要从仔猪开始经常刷试，培养与人的亲和性。若要以母猪为台猪，也要培养母猪与人的亲和性。

调教方法有观摩法、诱导法和直接刺激法。无论哪种调教方法，公猪爬跨后一定要进行采精，不然，公猪会很容易对爬跨假台猪失去兴趣。调教时，不能让两头或更多公猪同时在一起，以免引起公猪打架等，影响调教的进行和造成不必要的经济损失。

公猪的调教方法如下：

（1）观摩法　在采集训练好的公猪精液时，让其在旁边观摩。

（2）诱导法　在假台猪上涂能刺激公猪性欲的诱发物。诱发物可以是发情母猪的尿或阴道分泌物，也可以是其他公猪的精液、尿、包皮液或口水。同时模仿母猪叫声，诱发公猪产生性欲，从而抽动阴茎、爬跨。

调教操作方法：调教前，先在假台猪上涂诱发物，然后将后备公猪赶到采精栏，公猪一般闻到气味后，大都愿意啃、拱假台猪。此时，若调教人员再发出类似发情母猪的叫声，更能刺激公猪的性欲，一旦有了较高的性欲，公猪慢慢就会爬跨假台猪。如果有爬跨的欲望，但没有爬跨，最好第 2 天再调教。一般 1～2 周可调教成功。

（3）直接刺激法　调教前，将一头发情旺期的母猪用麻袋或其他不透明物盖起来，不露肢蹄，只露母猪阴户，赶至假台猪旁边，然后将公猪赶来，让其嗅、拱母猪，刺激其性欲。让公猪空爬几次，当公猪性欲高涨时，迅速赶走母猪，而将涂有诱发物的假台猪移过来，让公猪爬跨，公猪爬上假台猪后即可进行采精。对于爬跨发情母猪而不爬假台猪者，可在发情母猪上采精 1 min 左右再将其拉下，让其爬跨假台猪。对于一些温驯胆小的不爬跨者，在保障人员安全的前提下可以把公猪前肢抱上假台猪，适当强制，采精员同时抚摸公猪的阴部和腹部刺激其性欲。

假 台 猪

1. 假台猪设计　假台猪可用木材或金属材料作支架，台体可模仿母猪的体型——圆筒形（但没必要去塑造猪头外形，也不必在背面覆盖猪皮、麻袋等）。要求背面光洁，两端（或采精一端）呈楔形（图 3-1）。

2. 假台猪选择　目前市场上有很多成品假台猪，有的还带有自动采精设备，选择时应该注意：

（1）使用的材料应兼顾公猪感觉舒适和易于清洗消毒。

（2）有公猪射精时前肢休息的支架，支架位置、长短和粗细等应与公猪适合（图 3-2）。

（3）可自由升降，以便适合不同高度的公猪使用。

图 3-1　自制假台猪

图 3-2　国产假台猪
有供前肢休息的支架，可自由升降

3.1.2 采精前的准备

3.1.2.1 采精室和精液处理室建设

采精室是准备、洗涤和消毒采精用具，以及采集公猪精液的地方。精液处理室是用来对精液进行检查、稀释、冷冻、保存的地方。采精室与精液处理室既紧密相连又有效隔离，通过专用的双开门精液传递窗传递精液，分别有独立的洗涤及消毒设备。精液处理室应达到洁净实验室的卫生标准。

采精室分为采精栏及准备室（以供从事洗涤、消毒及准备等工作），面积不小于 20 m²，地面应保持平整、清洁并铺以防滑垫（如带孔橡胶垫），尤其是采精栏内，以免公猪采精时滑倒。采精栏一般宽度 180～240 cm，长度 240～280 cm，由立柱构成，立柱高度、间隔以人容易通过而公猪不能通过，保证采精人员安全为准，一般立柱直径 5 cm、高度 91～106 cm、间隔 28～30 cm。采精室可以有几个采精栏，保证同时进行采精的公猪不会相互影响。

精液处理室是无菌室，卫生环境要求特别严格。要求干净卫生，易清洁（尤其是地面），禁止吸烟。除工作人员外，不允许其他人员出入。窗户安装不透光的窗帘。有条件者，可安装空调，做到夏季降温、冬季保暖。墙壁要安装足够的插座及电源开关。因精密仪器较多，要有防止雷电措施等，须安装地线，并建造工作台、洗水池等。精液处理室分为清洗室、处理室、保存室和精液品质检查室等，中间可用透明的铝合金玻璃窗隔开。功能区有用具清洗和用水制备区、稀释液配制区、精液品质检查区、精液稀释、精液平衡分装冷冻区、精液保存区和精液发放区等。

3.1.2.2 冷冻精液生产所需设备和试剂、耗材及器具

（1）主要设备

显微镜：用于观察精子活力（100 倍）和精子畸形率（400 倍），最好配有摄像显示屏系统的相差显微镜。

37 ℃恒温板：预热载玻片和盖玻片，以观察精子活率。

低温高速离心机：50 mL 以上转子，用于离心精液。

细管分装封口机：用于分装精液及封口。

细管印字机：用于细管标记。

精液程序化冷冻仪：用于冷冻精液。

双蒸水器：用于制备溶解稀释粉用的双蒸水。

磁力搅拌器：带磁棒，用于配制试剂、稀释液。

干燥箱：用于干燥玻璃器皿或塑料用具。

高压灭菌锅：用于器具、稀释用水灭菌。

小型紫外线消毒柜：用于细管等物品灭菌。

普通冰箱：用于平衡精液及保存稀释粉和稀释液等。

17 ℃恒温箱：用于保存精液，要求温差不超过±1 ℃。

风冷式平衡柜：用于平衡精液和分装精液。

精子密度仪：用于测定精子密度。

水浴锅：用于预热稀释液。

电子秤：用于称量精液和稀释液，要求精确度 1～2 g，最大称重 3～5 kg。

37 ℃恒温箱：用于预热采精杯。

低温温度计：用于监控精液冷冻过程。

普通温度计：用于监控水浴锅，测量精液和稀释液的温度。

电脑：用于记录和处理数据。

（2）主要试剂、耗材及器具

假台猪：用于采精。

防滑垫：防止猪滑倒。

一次性采精手套：用于采精。

集精杯：用于集精，400～500 mL。

集精袋或保鲜袋：用于采精和稀释精液。

大塑料杯：用于稀释精液，500～2 000 mL。

玻璃烧杯：用于平衡精液，500～2 000 mL。

三角烧瓶：用于配稀释液和稀释精液，250～1 000 mL。

量筒：用于配稀释液和稀释精液，100～2 000 mL。

玻璃瓶：用于配稀释液和解冻液，100～1 000 mL。

离心管：用于离心精液，50～1 000 mL。

试管：用于稀释精液，2～50 mL。

精液过滤膜：用于采精时过滤精液。

玻棒：用于观察精子活率、配稀释液等。

载玻片：用于观察精子活率。

盖玻片：用于观察精子活率。

计数器：用于计精子畸形率。

血细胞计数室：用于计精子畸形率、校对精子密度仪等。

微量加样器和吸头：用于计密度和畸形率，1 000 μL。

试管刷：用于清洗用具。

橡皮筋：用于固定采精杯上的过滤纸。

试镜纸：用于擦拭显微镜。

大玻璃瓶：用于装蒸馏水，10 L。

贮精管：用于装盛有冷冻精液的细管。

记号笔：用于标记。

纱布袋：用于装冷冻精液，18 cm×6 cm。

锡箔纸：用于三角瓶封口。

无绒纸巾：用于制作卵黄。

试剂：化学试剂、卵黄、水等，用于稀释精液。

酒精：用于消毒。

液氮罐：用于贮存液氮和冷冻精液。

3.1.2.3 稀释液配制

（1）稀释液的配制要求

① 稀释用水的制备：新鲜去离子水或双蒸馏水，非新鲜的要灭菌。

② 天平的使用：应将天平放置在平稳的工作台上，保持清洁干燥，不使用时刀口应处于空载状态，以免磨损，导致灵敏度下降。称取药品时，盘内垫以称量纸，校零后方可称重。砝码保持清洁、干燥。提倡使用精度高的电子天平。

③ 药品的取用及保存：化学药品取用后立即将瓶口盖严，以

免灰尘、杂菌等污染，防止分解和潮解。特别是甘油具有很强的吸水性，如保管不当，将会影响用量的准确性。

④ 蛋黄的取用：鸡蛋来源于无疫病的鸡场，所用鸡蛋须新鲜完整，取蛋黄前先用75%酒精棉球对蛋壳表面进行消毒，待酒精挥发尽后用蛋清分离器取出完整的蛋黄。也可沿蛋腰正中线敲开一裂纹，将蛋一分两半，利用两个蛋壳交替倾倒，除去蛋清，留下蛋黄；然后把蛋黄放在干净无绒的纸巾上"口"字形滚动，粘走最后的蛋白。用干净的注射器（不带针头）吸取蛋黄，丢弃蛋黄膜。

（2）稀释液配制程序

① 原精稀释液：德国米尼图、北京田园奥瑞等品牌都有专用的原精稀释液。没有专用原精稀释液的情况下，可以用BTS等常温保存稀释液（表3-1）。原精稀释液配制时，提前把水浴锅打开，调到32～35℃，放入稀释用水（无菌）一段时间后，当稀释

表3-1 猪精液常温保存稀释液配方

成分	BTS	Schonow	Zorlesco	Androhep
EDTA（g/L）	1.25	2.00	2.30	2.40
柠檬酸钠（g/L）	6.00	3.70	11.70	8.00
Tris（g/L）	—	—	6.50	—
葡萄糖（g/L）	37.00	40.00	11.50	26.00
碳酸氢钠（g/L）	1.25	—	1.25	1.20
氯化钾（g/L）	0.75	1.20	—	—
HEPES（g/L）	—	—	—	9.00
柠檬酸（g/L）	—	—	4.10	—
半胱氨酸（g/L）	—	—	0.10	—
BSA（g/L）	—	—	5.00	2.50
庆大霉素（mg/L）	300	300	300	300

注：BTS、Zorlesco、Androhep引自朱士恩（2015），Schonow改自胡建宏（2006）。

用水温度到32～35℃时再稀释试剂，稀释后平衡1 h以上待pH稳定后再使用。也可以在前一天溶解后，放置在4℃冰箱保存过夜备用。切记不要把剩余的稀释液冰冻再用。

② 冷冻稀释液配制：以 TCG 冷冻稀释液为例，称取葡萄糖11.00 g，柠檬酸14.80 g，三羟甲基氨基甲烷（Tris）24.20 g，庆大霉素300 mg或青霉素、链霉素各100万U，卵黄200 mL加蒸馏水至1 000 mL充分溶解，经磁力搅拌器充分搅拌均匀（30 min以上），以 12 000 g 离心 10 min，取上清液，制成Ⅰ液。取Ⅰ液564 mL加入36 mL甘油充分搅拌均匀配制为600 mLⅡ液，Ⅱ液中甘油浓度为6%。两种冷冻液冷藏或冻藏后可用，但不能第二次冷藏或冻藏再用（图3-3）。

图3-3　配制稀释液

Ⅰ液放置17℃，Ⅱ液放置4℃，Ⅱ液比Ⅰ液多20%

（3）解冻稀释液配制　以BTS解冻液为例，称取葡萄糖3.7 g、EDTA-2 Na 0.125 g、二水柠檬酸钠0.6 g、氯化钾0.075 g、碳酸氢钠0.125 g，加蒸馏水至100 mL充分溶解。在BTS基础上可以加0.2%咖啡因。

（4）稀释液品牌及常见配方　目前国内常见的稀释液有北京田园奥瑞、德国米尼图等品牌。常见的常温保存稀释液配方见表3-1，冷冻稀释液Ⅰ液配方见表3-2。

表 3 - 2　猪冷冻稀释液 I 液配方

成分	TCG	BTS	TCGB
Tris（g/L）	24.20	2.00	24.20
Tes - N - Tris（g/L）	—	12.00	—
柠檬酸钠（g/L）	—	—	14.80
葡萄糖（g/L）	11.00	32.00	11.00
BSA（g/L）	—	—	5.00
柠檬酸（g/L）	14.80	—	—
OEP 糊（mL/L）	—	5.00	—
青霉素（U/L）	100 万	100 万	100 万
链霉素（U/L）	100 万	100 万	100 万
卵黄（mL/L）	200	200	250

　　注：①BFS、葡萄糖-柠檬酸- Tris 配制方法同 TCG。②BFS 改自朱士恩 2015，TCGB 改自邢军 2013。③原精稀释液和冷冻稀释液验证过配伍效果好的是 Androhep 和 TCGB 配伍，BTS、Schonow 与 TCG 配伍。④OEP（Orvus ES Paste）是一种合成洗涤剂，主要成分为十二烷基硫酸钠（SDS），OEP 国内不好买，可以用 SDS 代替。

3.1.2.4　采精室内的准备

　　采精前先将假台猪周围清扫干净，特别是公猪副性腺分泌的胶状物，一旦残落地面，公猪走动很容易打滑，易造成公猪扭伤而影响生产。采精室的安全角应避免放置物品，以利于采精人员因突发事情而转移到安全地方。采精室内避免积水、积尿，不能放置易倒或能发出较大响声的物品，以免影响公猪射精。采精前准备工作如下：

　　（1）集精杯的准备　工作人员先洗净双手、擦干，将专用集精袋或食品保鲜袋放进专用集精杯或保温杯中。工作人员只能接触留在杯外的袋口，将袋口打开，环套在杯口边缘，并将精液过滤膜或已消毒的四层纱布（要求一次性使用，若清洗后再用，纱布的网孔增大，过滤效果较差）罩在杯口上，用橡皮筋套住，盖上盖子（图 3 - 4）。放入 37 ℃的恒温箱中预热，冬季更应重视预热。采精时，再取出集精杯，传递给采精员；当处理室距采精地点较远时，应将集精杯放入泡沫保温箱，然后带到采精地点，这样可以减少低温对精子的刺激。每头猪换一个集精袋，避免各个体间混杂；集精袋和滤膜当天用量取出单独包装，避免污染。

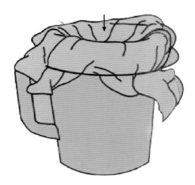

图 3-4　集精杯

（2）采精人员　采精员应穿非大褂式工作服，因为采精时一般身位低，大褂容易接触地面而污染。手戴双层手套，内层为聚乙烯手套（对精子无毒的专用手套），外层可戴一次性的薄膜手套，从而避免精液的污染和预防人畜共患病。乳胶手套对精子有毒，请勿用来采精。

（3）公猪的准备　将采精公猪赶至采精栏内，挤出公猪包皮内的积尿。若阴毛太长，需剪短，以利于采精，否则操作时带到阴毛会影响阴茎的勃起。用温水冲洗掉包皮及周围表面污物，气温高时可先用清水将公猪全身冲洗干净，并用温的 0.1% 高锰酸钾溶液清洗腹部和包皮，特别是包皮部应再用温水清洗干净，避免药物残留对精子的伤害，之后用干净毛巾擦干，避免采精时高锰酸钾残留液、清水等进入精液，污染精液，导致精子死亡。清洗消毒的目的是避免细菌污染精液，甚至将疾病传播给母猪，减少母猪子宫炎及其他生殖道或尿道疾病的发生，保证冷冻精液质量，提高母猪的情期受胎率和产仔数（图 3-5）。

a

b

图 3-5 采精前准备公猪

a. 清水清洗后，使用消毒液清洗，再清水清洗；b. 用无菌干毛巾擦干

3.1.2.5 精液处理室内的准备

（1）采精日之前的准备 准备所需试剂、器具并进行器具清洗消毒。

器具清洗消毒

1. 玻璃器皿

（1）首次使用的玻璃器皿先用自来水刷洗，除去灰尘。放入 5% 稀盐酸中浸泡 12 h，取出后立即用自来水冲洗，再用洗涤剂刷洗（或用超声波洗涤器清洗 15～30 min）。自来水冲干净后放在电热干燥箱中烘干。用清洁液（重铬酸钾 120 g、浓硫酸 200 mL、蒸馏水 1 000 mL）浸泡 12 h 后捞出器皿，立即用自来水反复冲洗，直至光亮、无水滴附着为止，用蒸馏水冲洗 3～5 次，烘干，用锡箔纸包裹进行高压消毒处理（120 ℃，20 min），烘干备用。或采取高温干燥消毒处理，即将洗净的玻璃器皿送入高压电热干燥箱，加热至 160 ℃后再恒温 1.5～2 h，自然冷却后待用。

（2）使用过的玻璃器皿可直接泡入洗涤剂溶液中，浸泡后刷洗干净烘干消毒备用。使用多次的器皿用清洁液处理，后续步骤同上。

2. 集精杯和精液过滤膜等 玻璃集精杯（瓶）清洗消毒同玻璃器皿消毒；塑料集精杯和不锈钢集精杯使用后，用水冲去表面污物，然后在加有洗涤剂的温热水中刷洗，用水冲洗干净，再用蒸馏水逐个冲洗。洗净后将其放在架子上，上面覆盖两层清洁纱布，干燥后用 75% 酒精消毒或紫外线消毒 30 min，备用。精液过滤膜使用前用紫外线消毒 30 min。

3. 其他器具 金属镊子、止血钳、药匙、胶塞和吸管胶头等用 75% 酒精擦拭消毒，待酒精挥发尽后方能使用。细管、冷冻架使用前用紫外线消毒 30 min。

4. 载玻片 使用后立即浸泡于水中，洗净后用柔软的布擦拭干净，备用。

（2）采精日的准备

① 采精前将配制好的原精稀释液在 32～35 ℃ 水浴锅内预热。温度确定原则是原精稀释液和精液温度基本相同，一般冬天 32 ℃、夏天 35 ℃，室内采精时略高，室外采精时略低。

② 冷冻稀释液分别放 4 ℃ 和 17 ℃，稀释液配制见 3.1.2.3 部分内容。

③ 将显微镜恒温板、载玻片、盖玻片等预热到 37 ℃ 左右。将显微镜调至适当位置，准备检测精子活力。

3.1.3 采精

采精方法有手握采精法、假阴道采精法和自动采精仪法。目前国内外养猪界广泛应用手握采精法。

3.1.3.1 手握采精法

手握采精法是生产中较常用的采精方法，其优点主要是可以有选择性地集取公猪精液，不需要复杂的用具。缺点是操作不当时，公猪的阴茎容易受伤，易污染精液等。操作步骤如下：

（1）先让准备好的公猪嗅、拱假台猪，工作人员用手抚摸公猪的阴部和腹部，以刺激其性欲的提高。当公猪性欲达到旺盛时，它将爬跨假台猪，并伸出阴茎龟头来回抽动。左手采精者在猪的左侧，右手采精者在猪的右侧。

（2）待公猪伸出阴茎龟头时，采精员用温暖清洁的手握紧伸出的龟头，当公猪前冲时顺势将阴茎的"S"状弯曲拉直，紧握阴茎螺旋部的第一和第二褶，同时不停挤压直到采精结束。在公猪前冲时允许阴茎自然伸展，不必强拉，充分伸展后，阴茎将停止前冲，开始射精。射精过程中不要松手，否则压力减轻将导致射精中断。注意在采精过程中不要碰阴茎体，否则阴茎将迅速缩回。若采精人员能发出类似母猪发情时的"呼呼"声，对刺激公猪的性欲会有很大作用，有利于公猪射精。手握阴茎的力度要适中，应以其不滑脱为准。用力太小，阴茎容易脱掉，采不到精液；用力太大，一是容易损伤阴茎，二是公猪很难射出精液。采精时应尽可能使阴茎与地面保持水平状态，以防包皮内积尿进入采精杯，因为尿液可杀死精子；并应防止其他液体如雨水等流入精液。当公猪射精时，开始射出的清亮液体部分（20 mL 左右，地方品种猪少些）应弃去，当射出乳白色液体时立即收集。射精过程历时 5～20 min（图 3-6）。

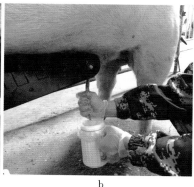

a　　　　　　　　　　　b

图 3-6　错误的采精操作

a. 应该佩戴手套；阴茎与地面要保持水平状态；

b. 假台猪过低，阴茎可能碰到假台猪

（3）精液采集结束后，先将过滤膜及上面的胶体丢掉，然后将卷在杯口的精液袋上部撕去，或将上部扭在一起放在杯外，上部一般会被污染，用盖子盖住采精杯，迅速传递到精液处理室进行检查、处理。

（4）公猪射精完毕后，一般会自动跳下假台猪，稍作休息后将其赶回公猪舍。若公猪不愿下来，可能还要射精，工作人员应有耐心，继续采集，使公猪尽兴而归。有些公猪有2～3个射精的过程。保留一些精液可增强下次采精时公猪性欲的说法没有理论依据，也不人道。对于那些采精后不下来而又不射精的公猪，不要让其形成习惯，应将其赶下假台猪，并送回公猪栏。

采精注意事项

1. 采精员要求技术熟练，否则公猪射精会不完全，采集到的精液量少。

2. 采精地点要固定。保证在良好的环境中采精，以免损害种公猪性行为和健康，利于形成稳定的性条件反射，避免精液受污染。

3. 所用器具要经过清洗消毒，确保卫生。

4. 由于公猪射精量大、射精时间长，用假台猪比用发情母猪更方便、安全。

5. 作为台猪的发情母猪，要温驯并处于发情静立期。发情母猪发情时间可以由仔猪断奶来控制，也可以于采精前48 h注射氯前列醇（PG）和雌二醇。

6. 采精过程中采精员的手是否干净是精液是否受污染的关键因素之一。采精员若没有带双层手套，可用干净纸巾擦净握阴茎的手。清洗和挤包皮积尿最好由一个采精员操作，采精由另外一个采精员操作。

7. 采精频率应根据猪的营养和年龄而定。经常采精的成年公猪最好不多于隔日1次，青年公猪（1岁左右）和老龄公猪（4岁以上）以每3天采精1次为宜。

3.1.3.2 假阴道采精法

假阴道采精法是用相当于母猪阴道环境条件的人工阴道，诱导公猪在其中射精而取得精液的方法。假阴道在使用前要进行洗涤、安装内胎、冲洗、消毒、注水、涂滑润剂、调节温度和充气等步骤。用假阴道给猪采精时，采精员应蹲在猪的假台猪右后侧，当公猪爬跨假台猪时将假阴道与公猪阴茎伸出方向呈一直线，紧靠并固定于假台猪尻部右侧，迅速将阴茎导入假阴道内，使其在内抽动射精。射精时，将假阴道的集精杯一端向下倾斜，以便精液流入集精杯。当公猪跳下时，假阴道随着阴茎后移，放掉假阴道内的空气，阴茎自行软缩脱出后，取下假阴道。只有当公猪阴茎前端为假阴道所固定而安静下来才能实现射精，因此假阴道的压力十分重要。可以通过双连球有节奏地施加压力，使其增加快感。另外，公猪射精时间较长，达 5～7 min，因此，在保持假阴道压力的同时，从开始就应调节假阴道的角度，防止精液倒流。

3.1.3.3 全自动采精仪法

自动采精法是利用仿生原理，模仿猪自然交配而设计的。自动采精设备对操作人员要求简单，操作容易上手。自动采精设备的出现提高了生产效率，使人们不再依靠纯手工采集精液。

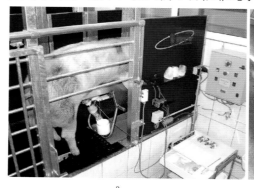

a   b

图 3 - 7 　自动采精仪

a. 法国 Collectis 全自动采精系统；b. 山东鲁滨兆源全自动采精系统

3.2 鲜精质量评定

精液品质检查的目的在于鉴定精液的品质，以便确定配种负担和能力；同时检查公猪饲养水平和生殖器官机能状态，作为精液稀释的依据，反映技术操作质量，主要指标有颜色、气味、精液量、精子密度、精子活力、酸碱度、精子畸形率等。

检查前，将精液袋放入 32～35 ℃水浴锅内保温，以免因温度降低而影响精子活力。整个检查要求迅速、准确，一般在 5～10 min内完成。

3.2.1 颜色

精液采精后首先观察颜色，颜色异常的应弃去。猪精液一般为乳白色，若精液中含有淀粉状、白色或灰白色、半透明的固态胶状物或其他杂物，要将其过滤除去。

3.2.2 气味

正常的公猪精液略有腥味。有特殊臭味的精液可能混有尿液或其他异物，不应留用，并应检查采精时操作是否正确，找出原因。

3.2.3 精液量

最好用电子称测定精液量，按每 1 mL＝1.0 g 计。电子秤精确至 1～2 g，最大称量 3～5 kg。注意原精液请勿转换盛放容器，否则将导致较多的精子死亡，因此，勿将精液倒入量筒内测定其体积。

图 3-8 观察精液及测定体积
若精液中有杂质，要重新过滤后再称重

3.2.4 精子密度

精子密度的测定方法有以下几种。

3.2.4.1 精子密度仪法

多数采用这种方法。此方法极为方便，测定所需时间短，重复性好，仪器使用寿命长。其基本原理是分光比色，精子透光性差，而精清透光性好。选定 550 nm 一束光透过稀释的精液，根据所测数据，自动查对照得出精子的密度。该法测定精子密度的误差约为 10%，在生产上可以接受。但如果精液中有异物，仪器也将它作为精子来计算，所以应考虑减少这方面的误差。各种密度测定仪操作各异，生产中应根据自己的仪器使用说明操作。

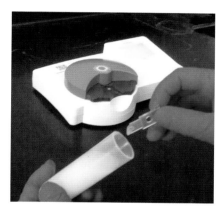

图 3-9　便携式密度仪测定密度

此密度仪为德国生产，不需要稀释，直接取样测定；取样前要充分混匀

3.2.4.2 红细胞计数法

该法准确，但速度慢。该方法可用来校正精子密度仪。检测方法见 4.3.3 部分内容。

3.2.5 精子活力

取 10 μL 精液置于载玻片上，加盖玻片，在 200～400 倍相差显微镜下观察活力。

评定精子活力注意事项

1. 取样和观察的视野要有代表性。

2. 精子活率受温度的影响很大，温度过高，精子活动会异常剧烈；温度过低，精子活动又会异常减慢而表现不充分，以致评定结果不准确。因此，应在37～38℃下进行活率检查。尤其是17℃精液保存箱的精子，应在恒温板上预热30～60 s后观察。

3. 观察活力时，应用盖玻片。否则，一是易污染显微镜的镜头，使之发霉，二是评定不客观，因为每次取样的量不同将影响活力的评定。

4. 评定活力时，显微镜的放大倍数要求100倍或150倍，而不是400倍或600倍。因为放大倍数过大，视野中看到的精子数量少，代表性差。

　　检查活力通常是通过显微镜放大，对精液样品进行目测评定，或通过精子质量自动分析系统测定。前者具有主观性；后者是通过光电和计算机技术检测，比传统目测法客观，重复性和准确度更好。

　　精子活力是指直线向前运动的精子占总精子数的百分率。分级按0～1.0或0～100%。新鲜精液的活力要求不低于0.7。精子活力是经验性较强的指标，与精子的受精能力有强的相关关系。但它是一个"质量指标"，不是"数量指标"，即它将精液分为"好的"（活力≥0.7）和"差的"（活力<0.7）。也就是说，活力为0.8精子的受精能力并不比活力为0.9的精子差，活率为0.4精子的受精能力并不比活率为0.3的精子好。精子耐冻性也符合这个规律。所以，实际生产中要根据受精能力或耐冻性来决定精液的取舍。

要求制作冷冻精液的鲜精液的活力至少 90%，正常形态细胞至少 90%，特殊需要另当别论，如保种工作中，由于饲养管理差、年龄大等因素，部分鲜精质量差，为了能保存更多的血统，对鲜精活力的要求可以降低到 60%。公猪精子耐冻性个体差异很大，冷冻精液生产过程中要选择精子耐冻性好的公猪精液生产冷冻精液。选择依据除根据以前的制作数据，还可以根据精子稀释后 17 ℃ 保存的时间来选择。一般保存时间长的耐冻性就好。

图 3 - 10　检查精子活力　　　图 3 - 11　精子质量自动分析系统
无自带恒温板的显微镜应配上恒温板，　　除配有分析软件，显微镜还自带恒温板
保证在 37～38 ℃ 下进行活力检查

3.2.6　酸碱度

可用 pH 试纸进行测定。生产上通常不对精液的 pH 进行检查。

3.2.7　精子畸形率

畸形精子指大头、顶体脱落、头部缺口、头形不正、小头、双头、曲尾、双尾、有原生质滴等精子（图 3 - 12），一般不能直线运动，虽受精能力较差，但不影响精子密度。精子畸形率是指畸形精子占总精子的百分率。若用普通显微镜观察畸形率，则需染色；若用相差显微镜，则不需染色，可直接观察。公猪的精子畸形率一般不能超过 20%，否则应弃去。采精公猪要求每 2 周检查一次精子畸形率。检测方法参见 4.3.4 部分内容。

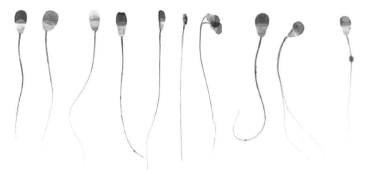

正常　大头　顶体　头部　头形　小头　双头　曲尾　双尾　有原生
　　　　　　脱落　缺口　不正　　　　　　　　　　　　　脂滴

图 3-12　正常和畸形精子

3.2.8　记录

在记录表中记录个体号、采精量、密度、活力等信息（表 3-3）。

表 3-3　猪冷冻精液生产记录表

| 日期 | 公猪 | | 原精情况 | | | 原精稀释后情况 | | | 离心后稀释、平衡 | | | | 冻精情况 | | | 技术员 | 备注 |
	耳号	品种	采精量(mL)	活力	密度(亿个/mL)	容量(mL)	活力	密度(亿个/mL)	预设密度(亿个/mL)	稀释量(mL)	平衡时间(h)	平衡后活力	解冻后活力	支数	袋号		

全国畜牧总站畜禽遗传资源保存利用中心

3.3 第一次稀释、平衡及运输

3.3.1 第一次稀释

第一次稀释，即原精稀释，一般用 32～35 ℃原精稀释液按 1：1的比例稀释〔稀释比例为 1：(0.5～3.0) 均可〕。采集的精液要在 0.5 h 内完成稀释，要求稀释液与精液的温度相差不能超过±1 ℃；稀释时，将稀释液沿盛精液容器壁缓慢加进，不可将精液倒进稀释液内，加入稀释后将盛精液容器轻轻转动，使二者混合均匀，切记剧烈震荡。如作高倍稀释，应分次进行，先低倍后高倍，防止精子所处的环境忽然改变，造成稀释打击。假如稀释后的精液活力下降明显，说明稀释液有问题或操纵不当。

3.3.2 平衡

稀释后先室温（25 ℃左右）静置 1～2 h，然后放入 17 ℃冰箱平衡 2 h，再离心。

3.3.3 运输

若实验室和采精点距离较远，需自行到猪场取用或通过长途车运输时，要注意保温、防震防爆、避光，24 h 内运达。

运输中保温、防震防爆、避光方法

1. 保温 运输过程中温度要维持在 16～18 ℃，尽量使每份精液都均匀降温。能放入车载保温箱最好，没有车载保温箱时可以通过在保温箱或泡沫盒中加一定量的冰来解决。冰的数量根据气温、保温箱保温性能及精液量决定，特别要注意的是精液不直接接触冰袋，所以要有透气分隔板把储存室分隔成小室，以保证在均匀受温的同时防止精液袋爆裂。运输过程中若要取代室温平衡，应在精液周围加少量 32～35 ℃水瓶，或用毛巾包裹。

2. 防震防爆 一般直接用集精袋稀释后运输，这时应排尽集精袋中的空气，在外面再套一层袋子，以减少运输过程中的震荡。同时可在输精袋周围放入碎的泡沫或气垫。

3. 避光 精液运输过程中要防止阳光直射到保温箱，更不能直射到精液上。所以不能用透明保温箱，且不能在阳光下操作。

3.4 离心、第二次稀释及冷却平衡

3.4.1 离心

第一步：把稀释后的精液装入 50～500 mL 离心瓶里，并标记，在 17 ℃和离心力 800 g 的条件下离心 12～20 min，离心时间视分离情况而定（图 3-13）。最佳离心状态是倒上清时还有一点点精液粥会流动，或显微镜检查上清液中只有极少量精子。

图 3-13 离 心
做标记，对称放置

第二步：吸去或倒去上清液（图3-14和图3-15），并测量上清液的体积和密度，计算出上清液中总精子数（体积×密度）。若上清液总精子数超过10亿个，则需要把上清液再离心一次。一般达最佳离心状况时不再测定。

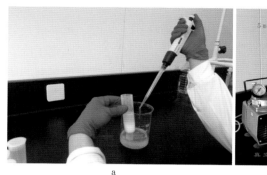

a　　　　　　　　　　　　　　b

图3-14　离心后吸去上清液

a.用大容量移液器；b.用真空泵

图3-15　离心后快速倒去上清液

倒时精液块朝上

3.4.2　第二次稀释

　　把大部分17℃的I液缓慢地分加到几份离心后沉淀的精液中，用一次性滴管或移液枪以吸吐方式悬浮精子，将几个离心管合并，再用I液洗涤瓶底，合并，这时的体积不超过最终稀释体积的一半，最后用I液补足到最终稀释体积的一半（图3-16）。计算公式如下：

加入Ⅰ液的体积（$V1$，mL）＝｛［总精子数（亿个）－上清液中精子数（亿个）］/目标密度（亿个/mL）｝/2－离心后精子粥体积（mL）

式中，上清液中的精子数为上清液体积×密度，离心效果好时可不计；目标密度是将要制作的冷冻精液的密度，其决定了冷冻精液稀释量。目标密度主要是根据产品要求而定，冻后能达到的活力和原精密度也影响目标密度。产品的每支有效精子数和冻后活力等要求共同决定了精液的目标密度，即稀释倍数，在每支有效精子数一定的情况下，冻后活力越高，目标密度越低，即稀释倍数越大。原精密度低，目标密度也不能太高，如地方猪种原精密度一般很低，若目标密度太高，加入的Ⅰ液少会影响冷冻效果。生产中也会因离心过程中精子分离不彻底，离心后精子粥体积大，Ⅰ液加得少，此时应重新离心，或者调低冷冻精液目标密度。

图3-16　用Ⅰ液稀释

几个离心管合并到有刻度离心管中，一个管盛不了可以分到几管中，

或转移到预冷的三角烧瓶中

稀释量计算实例：商业冷冻精液一般目标活力为0.6以上，每次输精需要0.5 mL细管4支（每支细管有0.4 mL精液），每次输精有效精子8亿～10亿个，则目标密度为8.4亿个/mL。若一份

420 mL 的精液，密度为 2 亿个/mL，总精子数是 840 亿个，离心后上清液中基本没有精子，忽略不计，目标密度为 8.4 亿个/mL，则最终稀释体积将是 100 mL，那么Ⅰ液为 50 mL 减去离心后浓缩精子粥体积，Ⅱ液为 50 mL。

保种冷冻精液控制有效精子数实例

1. 对于 0.25 mL 细管，实际每支细管有 0.20 mL 左右精液，要求每支细管的有效精子为 0.25 亿个，则不同冻后活力的目标密度见表 3 - 4。

表 3 - 4　以 0.25 mL 细管为例控制有效精子数（亿个）

冻后活力	每支精子数 （0.25 亿个/冻后活力）	每毫升精子数 （每支精子数/剂量 0.20）
0.30	0.83	4.15（4.5）
0.35	0.71	3.57
0.40	0.63	3.13
0.45	0.56	2.78
0.50	0.50	2.50

2. 对于 0.50 mL 细管，实际每支细管有 0.40 mL 左右精液，要求每支细管的有效精子为 0.50 亿个，则不同冻后活力的目标密度见表 3 - 5。

表 3 - 5　以 0.50 mL 细管为例控制有效精子数（亿个）

冻后活力	每支精子数 （0.50 亿个/冻后活力）	每毫升精子数 （每支精子数/剂量 0.40）
0.30	1.70	4.20
0.35	1.40	3.60
0.40	1.30	3.10
0.45	1.10	2.80
0.50	1.00	2.50

3.4.3 平衡

用Ⅰ液重悬浮后的精子置于盛有适量（25 mL 左右）17 ℃水的烧杯中，于 4 ℃冰箱或低温操作柜中降温平衡，使精液在 2.5～3 h 缓慢降温至 4～5 ℃，并在 4～5 ℃平衡 0.5～1 h。若 17 ℃水加入过多或冰箱降温效果不好造成降温速度慢，可以在平衡后 1.5 h 左右往烧杯中加适量冰来加速降温。注意平衡过程中用温度计监测温度。

3.5 第三次稀释

精液在降温平衡后，加入Ⅱ液等量等温再稀释，其体积 $V2＝V1＋$精子粥体积（mL）。

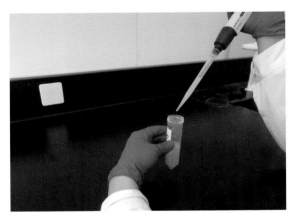

图 3-17 第三次稀释

加入等量 4 ℃ Ⅱ液

3.6 装管、封口及码架

冷冻精液装载剂型有 0.25 mL 细管、0.5 mL 细管、1 mL 细管、5 mL 管、3 mL 袋及 5 mL 袋等。本书中介绍的装管、封口、码架及包装只适合前 3 种。5 mL 管、3 mL 袋及 5 mL 袋的分装、封口目前大多是手工操作。

把第三次稀释后的精液轻轻晃动混匀，立即在 4～5 ℃的环境中用印有标记的细管进行装管、封口，并在细管托架上码好。

图 3-18　风式展示柜内装管、封口、码架
使用国产细管装管、封口一体机

装管、封口、码架注意事项

1. 在 4～5 ℃平衡柜中装管、封口、码架，保证温度不变化。

2. 细管提前放入 4～5 ℃环境预冷。

3. 装管时细管中间留 1 cm 左右气泡。

4. 进行另一头猪精液的装管时，换干净、高压灭菌过的针头和新的或清洗灭菌过的导管。

5. 码架时，把细管里的气泡摇到中间，以防细管解冻时发生泄漏甚至爆裂；细管摆放的方向为棉塞封口端靠近操作者，超声波封口端远离操作者，放入程控冷冻仪时也应如此放置；用区分棒做好不同猪号细管间的识别工作。

细 管 标 记

在细管上标明保种场（保护区）建设单位代码或品种代码、供体号和生产日期（图3-19和图3-20）。保种场（保护区）建设单位代码用汉语拼音大写首字母表示，品种代码为该品种汉字的汉语拼音大写首字母，生产日期按年月日次序排列，年月日各占二位数字，年度的后两位数组成年的二位数，月、日不够二位的，月、日前分别加"0"补充为二位数。

| CQXK RCZ | 17003 | 190525 |

棉塞封口端　　　　　　　　　　　　　　　　　　　　　封口端

图3-19　细管标记示例

CQXK 为重庆畜牧科学院代码，RCZ 为荣昌猪的品种代码，17003 为该公猪号，190525 为2019 年5 月25 日的生产日期

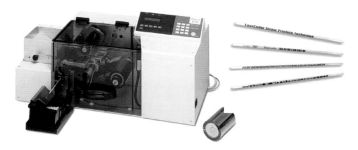

图3-20　色带细管印字机

3.7 冷冻

3.7.1 程序冷冻仪冷冻法

分装细管前启动冷冻仪，选择好冷冻程序并启动，将冷冻室温度降至 4～5 ℃，暂停。精液灌装完后尽快冷冻，尽量控制在 15 min内。在程序冷冻仪（图 3-21）的冷冻室里，以每分钟下降－30 ℃ 的速度进行程序冷冻。程控冷冻仪与低温平衡柜应尽量靠近；开始分装前启动冷冻仪，选择好冷冻程序并启动，到达起始温度等待。冷冻曲线可参考见表 3-6、表 3-7。

表 3-6　程控冷冻仪 0.50 mL 细管冷冻曲线

步骤	温度（℃）	需要时间（min）	速率（℃/min）
0	4	0	
1	1	1.5	－2
2	－25	2.4	－30
3	－140	6.2	－30
4	－140	21.2	0

表 3-7　程控冷冻仪 5.0 mL 细管或袋冷冻曲线

步骤	温度（℃）	需要时间（min）	速率（℃/min）
0	4	0	
1	5	1.5	－2
2	－56	3.4	－30
3	－36	4.1	－30
4	－40	4.9	－5
5	－140	14.9	－10
6	－140	24.9	0

图 3-21 程控冷冻仪

3.7.2 自制冷冻箱或泡沫盒冷冻法

用自制的冷冻箱或泡沫盒冷冻细管时,冷冻箱的深度应在 50 cm 以上,有利于保持温度。冷冻时细管距液氮面的距离一般 3~5 cm。没有放入架有细管的冷冻架前的细管所在面温度调节 至－170~－160 ℃。细管数量少时,细管所在面温度高些;细 管数量多时,细管所在面温度低些。细管放入后通过开启盖子或 搅动液氮来调节温度,能升降冷冻架更好。细管温度一般控制在 －120~－80 ℃。熏蒸细管 8 min。温度调控主要取决于自制冷冻 箱或泡沫盒保温效果,细管离液氮面的距离和一次冷冻的细管数 (图 3-22)。

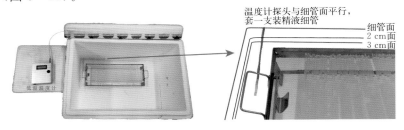

图 3-22 自制冷冻泡沫盒

标记液氮面位置,冷冻过程中液氮面要维持在这个位置,特别是多批次冷冻时

3.8 收集包装

冷冻完成后，打开冷冻容器盖子，冷冻精液按号投入盛满液氮的不同提筒中，细管的封口端在上，棉塞封口端在下，不得倒置，以避免细管棉塞端的爆脱；细管装入贮精管，棉塞封口端朝向贮精管底部。贮精管上标记为品种、供体猪号、生产日期、活力及数量；再用灭菌纱布袋包装起来，放入液氮罐中保存，在纱布袋上标记品种、供体号、生产日期、解冻后精子的活力、数量；一个灭菌纱布袋装一头猪的冷冻精液，可装不同生产批次（图 3 - 23 至图 3 - 25）。

图 3 - 23　收集冷冻后细管

细管的封口端在上，棉塞封口端在下，不得倒置

图 3 - 24　用贮精管包装细管

a

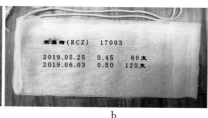

b

图 3 - 25　纱布袋

a. 印章纱布袋；b. 手写纱布袋

3.9 解冻和冷冻后镜检

3.9.1 冷冻精液的解冻

解冻时，从液氮中取出冷冻精液，迅速放入恒温水浴锅中，轻轻摆动解冻，然后在室温（26 ℃）下用预热的解冻液进行相应浓度稀释。若只是检测活力，不用于配种，可以在 36 ℃解冻液中 10 倍稀释（图 3 - 26、图 3 - 27）。

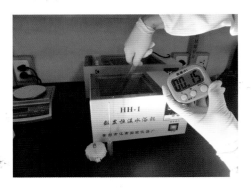

图 3 - 26　解冻冷冻精液

解冻时要准确计时，经常校正水浴锅温度

图 3 - 27　稀释解冻后冷冻精液

对于专用细管推针把精液推入预温到 26 ℃的解冻液

不同剂型解冻条件：0.25 mL 微型细管 37 ℃，30 s；0.5 mL 中型细管 50 ℃，16 s 或 37 ℃，20 s；1 mL 中型细管 50 ℃，16 s；5 mL 大型细管 50 ℃，40 s 或 52 ℃，35 s；5 mL 扁平袋 50 ℃，13 s。解冻过程中若同时解冻的份数多，可适当延长解冻时间。

3.9.2 冷冻后镜检

26 ℃解冻液稀释的冻精恢复 15～20 min 再观察活力，36 ℃解冻液稀释的冻精恢复 5 min 后观察。

取 10 μL 解冻稀释后的精液置于载玻片上，加盖玻片，在 200～400 倍相差显微镜下观察活力，显微镜载物台温度保持 37 ℃。注意 26 ℃解冻稀释的精液置于载玻片上，加盖玻片后要预热 5～10 s 后观察。

此次镜检根据解冻情况初步决定精液是否留存。要求对此批次的每头公猪都做检测，检测内容主要是活力，活力达不到要求的应丢弃；同时判断每剂前向运动精子数（结合活力和密度判断）、精子畸形率、顶体完整率等指标。对于明显达不到要求的应丢弃，可疑的需要对这些产品做深入检测，以决定是否留存。

最好将冻精临时存放 48 h 后再进行镜检，因为冷冻后精液只有在 -196 ℃的环境中贮存满 48 h 后镜检的活率才是其品质的真实反应。

3.10 贮存

冷冻精液贮存要求：

（1）冷冻精液应贮存于液氮罐的液氮中，贮存冷冻精液的低温容器应符合《液氮生物容器》（GB/T 5458）标准规定。

（2）每头猪的冷冻精液应单独贮存。

（3）设专人管理，每天检查，定时添加液氮，保证液氮罐中液氮充足。有条件者可使用液位监测及自动添加液氮设备（图 3 - 28）。

（4）贮存冷冻精液的容器，应每年至少清洗 1 次并定期更换新鲜液氮。

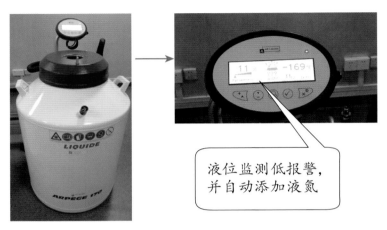

液位监测低报警，并自动添加液氮

图 3-28　液位监测及自动添加液氮系统

4 猪冷冻精液质量检验与控制技术

产品质量是冷冻精液生产单位的生命与未来。要树立强烈的质量意识，全员、全过程都重视质量，用工作的高质量保证产品的高质量，向用户提供满意、适用的产品和服务。要维护消费者和冷冻精液生产单位的合法权益，保证种公猪及冷冻精液产品质量，为养猪业稳定的遗传进展和严格的生物安全体系建设提供保障，促进我国畜牧业生产的发展。

4.1 质量检测项目

猪冷冻精液检测项目为剂量、活力、每剂前向运动精子数、精子畸形率、顶体完整率、菌落数及疫病。指标按不同要求而定，商业用冷冻精液和保种用冷冻精液质量要求有所不同，常见指标见表4-1、表4-2。

表 4-1　种猪冷冻精液质量要求

项 目	指 标
外观	细管无裂痕、两端封口严密、所印字迹清晰易认、信息齐全
剂型	0.5 mL 细管
	1 mL 细管
	5 mL 细管

（续）

项　目		指　标
剂量 （mL）	0.5 mL 细管	≥0.4
	1 mL 细管	≥0.8
	5 mL 细管	≥4.0
精子活力（%）		≥60
前向运动 精子数 （个/剂）	0.5 mL 细管	≥$5.0×10^7$
	1 mL 细管	≥$1.0×10^8$
	5 mL 细管	≥$5.0×10^8$
精子畸形率（%）		≤20
顶体完整率（%）		≥60
菌落数（个/mL）		≤1 000
非洲猪瘟病毒、口蹄疫病毒、猪瘟病毒、高致病性猪蓝耳病病毒、猪圆环病毒、猪细小病毒、布鲁氏菌		病原学检测阴性

表 4 - 2　猪冷冻精液质量检测记录表

序号	品种	猪号/ 样品号	生产 日期	剂型 规格	检测项目							
					外观	剂量 （mL/剂）	活力 （%）	前向运动 精子数 （万个/剂）	精子畸 形率 （%）	顶体完 整率 （%）	菌落数 （个/剂）	疫病

检测日期：　　　　　检测人：

4.2　质量控制方法

　　冷冻精液生产过程必须按操作规程进行，产品质量由相对独立的技术人员负责检测与监督，每批次每头猪的精液都要做冻后检查，每季度每头猪冷冻精液产品的型式检验（对所有指标都检测，任何一项指标未达到标准要求，则判为不合格）至少1次。当产品的重要原材料、器件等有重大改变影响到产品质量时，必须做型式检验。出库检验合格（类似冻后质量检测，主要看活力），才可作为合格品交付。冷冻精液生产销售的记录档案必须完整，标记清楚，实行责任人负责制。冷冻精液质量控制程序见图4-1。

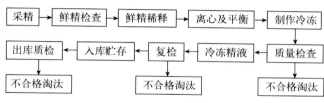

图4-1　冷冻精液质量控制程序

4.3　猪冷冻精液质量检验方法

4.3.1　剂量检测

4.3.1.1　主要器材

　　小试管、剪刀、刻度吸管。

4.3.1.2　检查方法

　　取3剂细管冷冻精液自然解冻后剪去封口端，把精液推入同一小试管内，用刻度吸管准确吸取精液，并读取精液总量。

4.3.1.3　计算

　　样品的剂量值为3剂冷冻精液总剂量的平均值，计算公式：

$$V = n/3$$

式中：

V——剂量值，单位为毫升（mL）；

n——3剂样品总剂量值，单位为毫升（mL）。

4.3.2　精子活力检测

4.3.2.1　主要器材

相差显微镜、精子质量自动分析系统、恒温水浴锅、5.0 mL试管、载玻片或精液性状板、盖玻片、显微镜恒温装置、移液器。

4.3.2.2　检测及计算方法

（1）显微镜目测评估法　每样品制作2个样片（取10 μL的解冻后精液置于载玻片上，加盖玻片），制作后立即在200～400倍相差显微镜下观察活力，载物台温度应保持37 ℃。每一样片观察盖玻片中央区域至少3个视野，得出1个综合评价值。

精子活力是第一样片精子活力综合评价值和第二样片精子活力综合评价值的平均数，计算公式：

$$M = (n_1 + n_2) / 2$$

式中：

M——精子活力（%）；

n_1——第一样片活力综合评价值（%）；

n_2——第二样片活力综合评价值（%）。

（2）精子质量自动分析系统　取10 μL解冻后精液，由专用载玻片边缘自行流入分析室，应用精子质量自动分析系统测定，精子活力为快速前向运动精子的比例。每样品制作2个样片，每样片测3个视野，最后取6个测定值的平均值（分析系统自动计算）。

4.3.3　每剂量前向运动精子数检测

4.3.1.1　主要器材

血细胞计数板、血盖片、移液器、试管、计数器、生物显微镜或电视显微系统等。

4.3.1.2 检测方法

用移液器准确吸取 $10\mu L$ 解冻冻精液，注入盛有 $1.99\ mL$ 的 3.0% 氯化钠溶液的试管内，混匀，使之成为 200 倍稀释的稀释精液。将备好的血细胞计数板用血盖片将计数室盖好，用移液器吸取稀释精液于血盖片边缘，使稀释精液自行流入计数室，均匀充满，用同样方法为另一端计数室加样。静置 5 min 后在生物显微镜下或电视显微系统上观察计数上下两个计数室各 5 个中方格的精子数，取平均值。

4.3.1.3 计算

（1）每剂量中精子总数计算公式：

$$S=Q\times10^6\times V$$

式中：

S——每剂量中精子总数（个）；

Q——计数室 5 个方格中的精子数（个）；

V——剂量值（mL）。

每样品观察上下两个计数室，取平均值，如两个计数室计数结果误差超过 5%，则应重检。

（2）每剂量前向运动精子数计算公式：

$$C=S\times M$$

式中：

C——每剂量中前向运动精子数（个）；

S——每剂量中精子总数（个）；

M——精子活力（%）。

4.3.4 精子畸形率的检测

4.3.4.1 主要器材

生物显微镜、移液器、载玻片、血细胞分类计数器、染色板。

4.3.4.2 主要试剂及配制

（1）磷酸盐缓冲液　称取磷酸二氢钠（$NaH_2PO_4 \cdot 2H_2O$）0.55 g，磷酸氢二钠（$Na_2HPO_4 \cdot 12H_2O$）2.25 g，蒸馏水定容至 100 mL。

（2）中性福尔马林固定液　取磷酸二氢钠（$NaH_2PO_4 \cdot 2H_2O$）

0.55 g、磷酸氢二钠（$Na_2HPO_4 \cdot 12H_2O$）2.25 g，用 0.89% 氯化钠约 50.0 mL 溶解后加入 8.0 mL 40% 甲醛（HCHO）使用前经碳酸镁中和过滤，再加入 0.89% 氯化钠溶液定容至 100.0 mL。

（3）姬姆萨原液　分别用量筒量取甘油〔$C_3H_5(OH)_3$〕66.0 mL、甲醇（CH_3OH）66.0 mL，将姬姆萨染料 1.0 g 放入研钵中加少量甘油充分研磨至无颗粒为止，然后将甘油全部加入并置 60 ℃ 恒温箱中溶解 4 h 后，再加甲醇充分溶解混匀，过滤后贮于棕色瓶中待用，贮存时间越久染色效果越好。

（4）姬姆萨染液　取姬姆萨原液 2.0 mL，加磷酸盐缓冲液 3.0 mL 及蒸馏水 5.0 mL。现配现用，或购买商品化的姬姆萨染液，按产品说明使用。

以上所用化学试剂纯度应达到分析纯。

4.3.4.3　制片染色、镜检、计算

（1）抹片　取解冻后精液 1 滴，滴于载玻片一端，用另一边缘光滑的载玻片与有样品的载玻片呈 35° 夹角，将样品均匀地拖布于载玻片上，自然风干（约 30 min），每样品制作 2 个抹片。

（2）固定　将已风干的抹片置于染色板上，用中性福尔马林固定液固定 15 min 后，用清水缓缓冲去固定液，自然风干。

（3）染色　将固定好后的抹片置于染色板上，姬姆萨染液染色 1.5 h 后，用清水缓缓冲去染液，晾干待检。

（4）镜检　将制备好的抹片在显微镜（400～600 倍）下观察，并用血细胞分离计数器计数，每个抹片观察 200 个以上的精子（分左、右两个区），取两个抹片的平均值，两片的变异系数不得大于 20%，若超过应重新制片。

（5）计算　精子畸形率计算公式：

$$A = (A_1/S) \times 100\%$$

式中：

A——精子畸形率（%）；

A_1——精子畸形数（个）；

S——精子总数（个）。

4.3.5 顶体完整率的检测

（1）将解冷冻精液（0.5 mL）加到 4 mL 聚乙烯吡咯烷酮（PVP）液（3%）面上，离心（800×g，3 min，室温），弃上清，重复 1 次；

（2）用磷酸盐缓冲液（PBS，37 ℃）重悬调整精子密度至 $(1\sim2)\times10^6$ 个/mL，取 20 μL 涂片，空气干燥；

（3）滴加 10～20 μL 花生凝集素（FITC - PNA）液（FITC - PNA 溶于 PBS 中，100μg/mL），将玻片倾斜使染液均匀分布，置于 4 ℃黑暗潮湿环境静置 20 min；将玻片插入 PBS 中浸洗 2 次，移至室温条件黑暗环境，空气干燥 30 min；

（4）滴 10μL 固定液（90%甘油，甘油：PBS 为 9：1），加盖玻片，无色指甲油封片，400×荧光显微镜下观察并计数。

（5）在激发波长 480 nm、发射波长 530 nm 紫外光激发下，可区分出 4 种不同类型的精子：①顶体完整的精子，顶体顶部发强光且边缘规则光滑；②顶体部分破坏的精子，顶体前区杂乱发光且边缘不规则；③顶体前帽缺失的精子，仅在赤道区有荧光；④顶体完全破坏的精子，无荧光。每项每次计算至少 200 个精子。

4.3.6 菌落数的检测

4.3.6.1 主要器材

生化培养箱、超净化工作台、天平、高压蒸汽灭菌锅、培养皿、恒温水浴锅。

4.3.6.2 培养基的配制

营养琼脂培养基按产品说明使用，使用前经高压灭菌（0.1 MPa、20 min）。

4.3.6.3 检测方法

灭菌培养皿事先标注样品号，取 2 剂冷冻精液自然解冻，细管用酒精棉球消毒后分别注于 2 个灭菌培养皿内，在无菌条件下，把 50～52 ℃的培养基倒入培养皿内，每皿约 15 mL，并水平晃动培养皿使精液混合均匀，同时做空白对照培养皿。待琼脂凝固后倒置培养皿，置 37 ℃生化培养箱内培养 48 h 取出，统计每个培养皿内菌落数。

4.3.6.4 计算

样品的菌落数为 2 个培养皿中统计菌落数的平均数，计算公式：

$$B=(n_1+n_2)/2$$

式中：

B——菌落数（个）；

n_1——第 1 培养皿菌落数（个）；

n_2——第 2 培养皿菌落数（个）。

4.3.7 病原检测

参见非洲猪瘟、口蹄疫、猪瘟、高致病性猪蓝耳病、猪圆环病毒病、猪细小病毒病、布鲁氏菌病相关国家/行业标准。

5 猪冷冻精液使用技术

猪冷冻精液人工授精效果的两个评价指标分别是受胎率和平均窝产仔数。影响冷冻精液使用效果因素除其质量（解冻活力、顶体完整率等指标），母猪发情鉴定、输精技术和次数等因素也不容忽视。

5.1 母猪繁殖特性

母猪繁殖特性见表 5-1。

表 5-1 母猪繁殖特性

繁殖特性	时间
性成熟	我国南方品种猪一般为 3～5 月龄，北方品种猪 5～6 月龄，培育品种 5～8 月龄
适配年龄和体重	我国地方品种猪 8 月龄，体重达 50～60 kg；培育品种 8～10 月龄，体重 90～100 kg
发情持续时间	经产母猪 1～4 d，青年母猪 1～3 d
发情周期	18～24 d，平均 21 d
排卵时间	发情结束前 12 h，发情开始后 35～40 h
断奶后发情时间	3～7 d，平均 5 d
妊娠期	114 d

母猪的发情期分为：①发情前期。2～4 d，平均 2.7 d，可见阴户相当红肿、突出，手指按压较硬，阴道内流出透明水样分泌

物，表现食欲减退、焦躁不安。此期母猪不允许人骑在背上。②发情期。后备母猪一般 1～3 d，平均 2 d，经产母猪 1～4 d，平均 2.5 d。无论后备母猪或经产母猪都表现为极稳定的静立反射，外阴部红肿稍退，出现皱褶，手指按压由较硬变得柔软，阴道颜色呈粉红色，黏液浓度增加并有较好拉丝性，混浊乳白色状，食欲减退或无食欲，并发出特异的叫声。当公猪和输精员接触时，母猪表现静立反射。若用手按压背部或胁部，会出现竖耳、翘尾不停摆动、准备与公猪交配的姿态。③发情后期。一般为 3～5 d，平均为 4 d。此期阴户红肿消退、呈白色或紫色，皱褶明显，手指按压柔软，黏液呈黏稠凝固状。子宫颈口将封闭，不接受公猪爬跨，发情征状消失，恢复原状（图 5 - 1）。

对于乏情母猪，首先要结合记录查明不发情的母猪是否患有疾病，如营养缺乏和代谢紊乱等病；其次从母猪的饲养方式着手，给母猪增加蛋白质和维生素等营养物质摄入量，保证其正常排卵和受精的营养基础；也可以通过按摩，结扎公猪爬跨，涂抹公猪精液或性腺分泌物刺激，注射或口服激素等方法刺激母猪发情。

5.2　发情鉴定

发情鉴定是猪繁殖的一个重要环节，通过发情鉴定，可以判断母猪发情是否正常，确定配种的最佳时机，以达到提高受胎率的目的。

发情鉴定的方法很多，主要根据母猪发情的行为表现、生殖道、卵巢和生殖激素的变化等来判断。下面介绍几种简单、常用的母猪发情鉴定方法。

5.2.1　外阴部变化鉴定法

根据母猪的外阴部颜色，充血、肿胀程度及手指按压硬度变化，黏液量、浓度及颜色，阴唇内黏膜颜色，皱纹和干燥程度等变化，结合精神状况和静立反应来鉴定母猪的发情情况（图 5 - 1）。

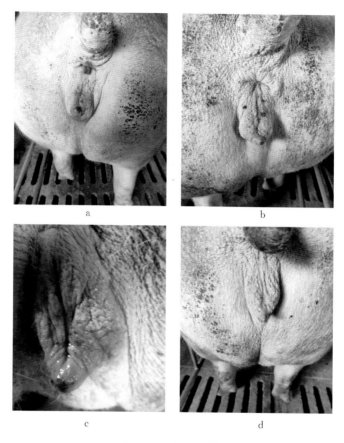

图 5-1　母猪阴户

a. 休情期，无红肿，没有黏液；b. 发情前期，红肿，有透明水样黏液；

c. 发情期，颜色变粉红，肿胀度消退，有皱褶和大量浓稠黏液；

d. 发情后期，肿胀消退，有明显的皱褶，黏液浓稠呈拉丝状，适宜配种

5.2.2　按压鉴定法

　　用手压母猪腰背后部，或骑在背上，若母猪四肢前后活动，不安静，同时哼叫，表明尚在发情初期，或已到发情后期，不宜配

种；如果母猪不哼不叫，四肢叉开，呆立不动，弓腰，出现竖耳、翘尾不停摆动、准备与公猪交配的姿态，则是发情旺盛阶段，即配种旺期。俗语常说"按压不哼不动，配种百发百中"。

图 5－2　骑背试验鉴定母猪发情
母猪表现接受不动、竖耳、翘尾

5.2.3　公猪试情法

采用试情公猪试情是养猪场最佳的试情方法。确定母猪发情的特征性表现是母猪在试情公猪前出现静立反射。结合母猪外阴部肿胀及松弛（硬度）状况、黏液量及黏稠度、阴道黏膜充血状态，对母猪发情阶段判断会更准确。一般只要发情母猪接受公猪爬跨或用手按压母猪腰部呆立不动，就可让母猪进行第一次配种，8～12 h后进行第二次配种。

如果每天进行一次试情，应安排在清早，清早试情能及时发现发情母猪。如果人力许可，可分早晚两次试情。我国大多数猪场采用早晚两次试情法。试情公猪一般选用"善于交谈"、唾液分泌旺盛、行动缓慢的老公猪。

试情时，让公猪与母猪头对头，以使母猪能嗅到公猪的气味，并能看到公猪。因为前情期的母猪也可能会接近公猪，所以在试情中，应由另一试情员对主动接近公猪的母猪进行压背试验。如果在压背时出现静立反射，则认为母猪已经进入发情期，应对这头母猪进行标记及发情开始时间登记。如果母猪在压背时不安稳，则为尚未进入发情期或已过了发情期。一些猪场采用在试情公猪前进行骑背试验（图 5－2）的方法，对于检查发情更加合理。

为了有效地进行试情，如果有条件，建议每 8～10 个限位栏

（每侧各 4～5 个栏）安装一个栅门（在这几个栏的走道两侧），以便将公猪隔在这几个栏内，也可由两个人分别用赶猪板将公猪隔在这个区域内，让其在这个小区域内寻找发情母猪。群养的空怀母猪试情，可以将公猪隔至走道两侧的两个栏间，试情完后，再试情另两个栏。

也可直接放入结扎公猪试情，看母猪是否有静立反应。直接放入公猪法一般只适用于胆小、发情表现不明显的母猪，因为一旦公猪和母猪直接接触，分开则较困难（图 5-3）。

图 5-3　用结扎公猪试情
母猪接受爬跨、竖耳

5.2.4　B 超鉴定法

利用 B 超观察母猪卵泡发育和排卵动态，能准确判断母猪排卵时间。但经产母猪卵泡直径与初产母猪差异较大，B 超方法不好制定评价标准，还需对设备加以改进且操作相对复杂，因此，B 超用于母猪发情鉴定在未来一段时间难以广泛应用。

5.3　适时输精

成功进行猪人工授精的关键在于正确的输精时间安排。正确的输精时间安排及需牢记的关键因素见图5-4。没有两头猪发情后排卵是完全一样的，但发情的主要模式总是相同的。一般输精的有效时期是在静立发情开始后12～36 h，多为24 h左右。二次输精的话，第一次输精应当在开始静立发情被检出之后12～16 h完成，过12～14 h再进行第二次输精（图5-4）。

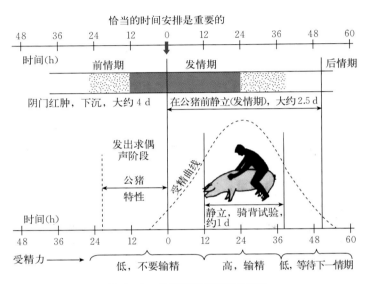

图5-4　发情和输精时间安排

（引自阿尔伯特）

实际生产中，针对有试情公猪、不用试情公猪，以及青年母猪、经产母猪、返情母猪、断奶至发情间隔天数等情况，发现发情与首次和二次输精时机的关系是：

（1）用试情公猪的情况　每天试情2次，7:00—9:00和16:00—18:00。分为有公猪在场和不在场2种情况，公猪不在场有可能就是过了接受爬跨时间（最佳配种时间），通过观察和压背试验发现发情，初配母猪上午发现发情，中午或下午第一次配种，即间隔6～12 h，间隔12 h复配。对于经产母猪、返情母猪，都是发现发情就配，间隔12 h复配。对于公猪在场的经产母猪，断奶至发情间隔天数为 5 d 以内的，上午发现发情，下午或当晚第一次配种，次日上午第二次配种；下午发现发情，次日上午第一次配种，次日下午或次日晚第二次配种。即发现发情至第一次配种间隔应有 12～24 h，第一次配种与第二次配种间隔时间 12～18 h。对于公猪在场的返情母猪和断奶至发情间隔天数 5 d 以上的母猪，上午发现发情，下午第一次配种，次日上午第二次配种；下午发现发情，当天下午或晚上第一次配种，次日上午或中午第二次配种，即发现发情至第一次配种间隔 3～10 h，间隔 8～16 h 复配。对于公猪在场的初配母猪，发现发情后 18～24 h 第一次配种，间隔 12 h 复配，同时要注意检查发情的开始时间，更要注意观察其外阴及阴道黏膜、黏液的情况。

（2）不用试情公猪的情况　每天早晚 2 次进行观察和压背试验。对于经产母猪，断奶后第 3～4 天发情者（静立反射），在第 5 天早上和第 6 天早上各配种 1 次；对于断奶后第 5 天发情（早上或下午）的母猪，在第 5 天下午和第 6 天下午各配种 1 次；对于返情和断奶后第 6 天后（早上或下午）发情的母猪，发情即配，间隔 24 h 复配（图 5-5）。对于初配母猪，发现发情后 18～24 h 第一次配种，间隔 12 h 复配，同时要注意检查发情的开始时间，更要注意

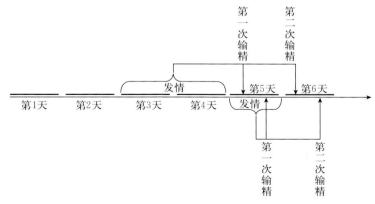

图 5-5　断奶母猪发情和二次输精示意图

观察其外阴及阴道黏膜、黏液的情况。

5.4　输精

5.4.1　猪冷冻精液的解冻及输精量

冷冻精液的解冻方法见 3.9.1 部分内容。解冻后检查精液活力，活力≥0.6 可用于配种（冻精种用价值高的可适当降低活力标准）。一般稀释为 40～60 mL。解冻稀释后 30 min 内使用。不同输精方法及操作技术（包括发情鉴定技术）输入的有效精子不一样。一般情况下子宫颈内输精每次 30 亿个精子、子宫颈后输精每次 8 亿～10 亿个精子、子宫角输精 1 亿～1.5 亿个精子。子宫颈内和子宫颈后输精的母猪，24 h 复配一次。

5.4.2　输精操作过程

目前有子宫颈内输精、子宫颈后输精和子宫角输精。与子宫颈内输精相比，子宫颈后输精和子宫角输精方式可以减少精液输精量。在生产条件下使用冷冻精液，子宫颈后输精和子宫角输精都可以被视为实用、有效的输精方式，特别是在精液有限或者高质量种公猪的精液需要被尽可能有效使用的情况下。但该技术中将输精管准确地插入到子宫及子宫深部需要培训和练习。输精后阴门出现的血液很可能与外伤有关，应该是对装置的不正确操作所致。同时，利用该技术给初配猪授精要慎重，因为使装置通过体型较小的猪子宫颈比较困难。

5.4.2.1　子宫颈后输精

子宫颈后输精即通常所说的深部输精技术，操作步骤如下：

（1）再次检查母猪的发情情况和核对猪号。

（2）用温清水清洗掉母猪的外阴部、尾根和臀部的粪便等污物，擦干后用 0.1% 的高锰酸钾水清洗，再用清水清洗进行彻底清洁，然后用干净的毛巾擦干。清洗、擦干时由阴门往外擦拭（图 5-6）。

（3）单根包装的输精管，先撕开输精管海绵头一端的塑料膜包装，使海绵头露出。大包装的输精管，可事先取出后装入临时存放输精管的塑料袋中。在海绵头管口周围涂少量润滑剂。不是单根包装的输精管，直接从大包装中抽出后，手持位置应在输精管的后 1/3 处，不要接触前 2/3 部分，以防输精管受到污染（图 5 - 7）。

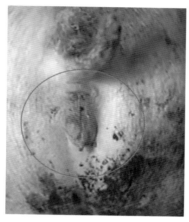

图 5 - 6　配种时清洗掉阴门
周围污物

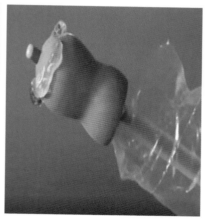

图 5 - 7　输精管管头涂润滑剂
注意润滑剂不要堵塞海绵头上的管口

（4）插入导管之前，通过温和地按摩母猪体侧以及对其背部和腰角施加压力来刺激母猪。

（5）插管时左手使阴门呈开张状态并向后下方轻拉，保持阴门开张。右手持输精管将海绵头先压向阴门裂处，然后呈 45°角向前上方左右旋转插入，使海绵头沿着阴道的上壁滑行，直到感觉到一些阻力为止（图 5 - 8）。这时，逆时针转动导管，推送 3～5 cm 进入子宫颈，此时子宫颈管因受到刺激而收缩，将海绵头锁定于子宫颈管内，当导管获得适当的锁定时，轻拉导管不能将其取出。进入的深度一般根据母猪的身体长度，输精管插 30 cm 左右可达子宫颈口（图 5 - 9）。一些体型较小的初配母猪，子宫颈较细，插入过程中用力要适当。有时需要将输精管后撤一些，并改变方向，以绕过子宫颈内的凸起。强行插入常会造成子宫颈出血。输精管的插入过程要流畅，不宜过慢。如果过慢，子宫颈可能会提前收缩而导致海绵头无法进入子宫颈。

图 5-8　把输精管插入到子宫和阴道的恰当位置

（引自 Pork Checkoff Purdue University Cooperat）

注意向上呈 45°角插入，以防进入膀胱

（6）输精管外管插入后将内导管插入，以每厘米间隔向前缓慢插入适当位置（图 5-9）后开始输精，有阻力感时往后退 1 cm 左右。不是越深越好，一般经产母猪 15 cm，后备猪 12～13 cm。

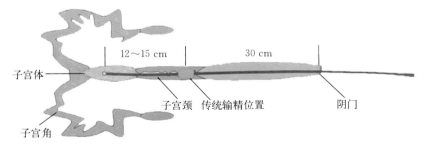

图 5-9　输精位置

（7）内导管插好后，接上输精瓶（袋），把瓶升高于母猪背部，使精液流进母猪的生殖道（图 5-9、图 5-10）。静立发情和受到适当刺激的母猪将主动吸收精液，不需要外力。如果精液从阴门泄流出来，则应降低输精瓶（袋）高度，并温和地增加对母猪下腰和体侧部的刺激（图 5-10），同时确保导管仍然恰当地固定在适当位置。如果精液不流动，则来回轻轻移动导管，同时保持导管锁定在子宫颈处。硬的输精瓶输精过程中可能影响精液流动，这时要从输精管上取下输精瓶或扎孔放入气体。输精快结束时轻捏输精瓶（袋）或扎孔，使精液完全进入生殖道。输精可能需要10～15 min。

建议接上输精瓶后就在瓶底用针扎小孔，这样有利于输精瓶中的精液在子宫收缩产生腹负压时自动吸入子宫内，比直接挤入精液输送的速度更平缓，更有利于精液均匀分布到两子宫角。

图 5 - 10　输精时按摩母猪腰部

（8）输精完成后先把内导管轻轻拉出 15 cm，再连同外导管一起拉出。

（9）使母猪稍作休息后将其放回，这时不能让母猪做剧烈运动，也不能卧下。

（10）做好输精记录。

5.4.2.2　子宫颈内输精

子宫颈内输精即常规人工授精，与深部输精相比，其操作少插入内导管一个环节，其他步骤一样，输精位置见图 5 - 9。

5.4.2.3　子宫角深部输精

子宫角深部输精是通过更长的内导管，先把母猪麻醉，然后通过腹腔镜或手术把精液注入子宫角（图 5 - 11、图 5 - 12）。

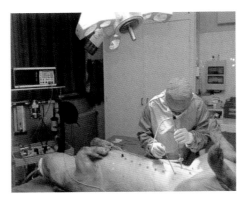

图 5-11 猪腹腔镜输精手术

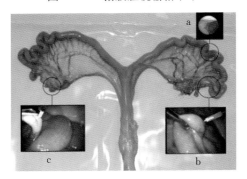

图 5-12 腹腔镜输精手术的输精部位

a. 宫管结合部位；b. 输卵管；c. 卵巢

5.5 妊娠诊断与分娩

输精后 18～25 d，母猪通过公猪试情或 B 超检测等方法进行妊娠诊断。

根据输精记录和母猪产前表现预测母猪分娩时间，做好接产物品的准备并注意观察，根据母猪分娩情况提供人工助产。也可通过注射氯前列烯醇使母猪在白天分娩，从而降低猪场技术人员的劳动强度并提高仔猪的成活率。

5.6 提高猪冷冻精液人工授精效果的措施

一般采取以下措施来提高冷冻精液的人工授精效果：

5.6.1 母猪

选择健康、生殖系统无炎症的经产母猪；给予合理的饲养管理措施；通过激素、按摩等处理促进母猪发情和排卵。

5.6.2 冷冻精液

除解冻后精子活力指标外，更要重视冷冻精子顶体完整性、热应力（指精液解冻、稀释后置于 37 ℃黑暗条件下，4 h 后检测精子活力，用于评估解冻精子在母猪体内运动性能）等指标的检测。对活力较差的冷冻精液，适当增加输精量。

5.6.3 繁殖技术

提高母猪发情鉴定技术水平（如 B 超鉴定技术），确定母猪较适宜的授精时机；育种价值较高的冷冻精液也可通过腹腔镜微创手术法直接观察卵泡发育状况，并将少量精液送至子宫角或输卵管。

输 精 管

1. 输精管结构

（1）常规输精管 输精管头有泡沫和橡胶头，通过特制胶与塑料细管粘在一起，有仿生头、锥形头（适合青年猪）和有螺纹锥形头。管头后连一直径约 5 mm 的塑料细管，长度约 50 cm（图 5 - 13）。

（2）深部输精管 深部输精管是在常规输精管的基础上加一根比其长 30 cm 的内导管。市场上该类产品种类较多，材质上千差万别，内导管和外套间有的有扣，有的没有（图 5 - 14）。

2. 输精管选择　输精管形状、粗细、颜色及使用方式各不相同，应根据需要及技术水平选择。注意事项如下：

① 泡沫头应光滑、硬度适中，与管之间粘接牢固，不牢固的容易脱落到母猪生殖道内。

② 注意海绵头内输精管的深度，一般以 0.5 cm 较适宜。若管在海绵头内太长，插入时会因海绵体太硬而损伤母猪生殖道；若太短，因海绵头太软，输精时易阻塞。

③ 尽量用一次性输精管，其使用方便，不用清洗，引发子宫炎的概率低，且其使用成本只占养猪成本的 0.086%。多次性输精管，一般为一种特制的胶管，其前部模仿公猪阴茎龟头，后端有一手柄（有些产品既没有螺旋部也没有手柄），可重复使用，成本相对较低。但因头部无膨大部或螺旋部，输精时易倒流，并且每次使用均应清洗、消毒，在消毒过程中容易变形，也容易折断，最大问题是易致母猪子宫大规模感染。

④ 深部输精管内导管管头和管体连接紧密，内导管管头有多孔，有利于充分均匀输精。

⑤ 尽量用内导管和外套间有扣的，其输精过程中内导管不易滑出。

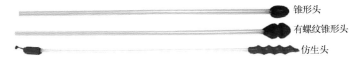

锥形头
有螺纹锥形头
仿生头

图 5-13　不同头的普通输精管

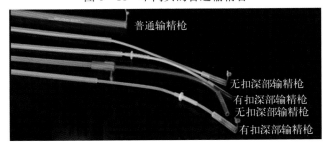

普通输精枪
无扣深部输精枪
有扣深部输精枪
无扣深部输精枪
有扣深部输精枪

图 5-14　不同深部输精管

促进母猪发情和排卵方法

1. 通过按摩母猪的乳房、后背、外阴以及大腿内侧提高母猪的兴奋度，有利于母猪排卵、提高母猪配种和精子卵子结合的成功率（图5-15）。

2. 注射激素促进母猪发情和排卵。①注射孕马血清促性腺激素（PMSG）和人绒毛膜促性腺激素（HCG）促进母猪发情、排卵。市场上有售的部分母猪用诱情剂见图5-16。②发情时或第一次输精时肌内注射促性腺激素释放激素（GnRH）的类似物，以使母猪集中排卵，提高卵子受精率，进而增加母猪产仔数。在生产中通常使用促排2号或促排3号，促排3号比促排2号的效价高。③目前市场上有商品母猪用复合诱情剂（图5-16）。

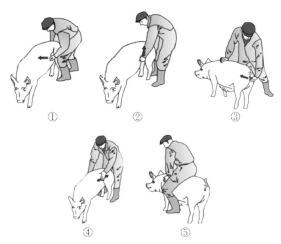

图5-15 "五个要点"法促进母猪发情

① 用手（或膝盖）压按震颤猪的腹部两侧；②双手抓住并向上提腹股沟；③用拳施压阴户下面；④按压荐部；⑤骑背测试母猪是否愿意让骑在其身上，即使在前后移动臀部时也愿意

89

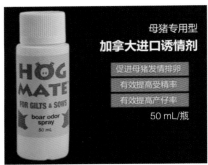

图 5-16 市场上部分母猪用诱情剂

参　考　文　献

阿尔伯特（加拿大），农业局畜牧处，等，1998. 养猪生产 ［M］. 刘海良，主译. 北京：中国农业出版社.

陈志林，王双姑，等，2019. 子宫体输精技术对母猪繁殖性能的影响 ［J］. 养猪（1）：37 - 39.

陈志林，张常明，叶超，等，2015. 国外种猪繁殖技术进展 ［J］. 中国猪业，10（3）：37 - 41.

胡建宏，李青旺，江中良，等，2006. 猪精液预处理稀释液与冷冻基础液的配伍效应 ［J］. 西北农林科技大学学报（自然科学版）（11）：21 - 26.

李俊杰，刘彦，等，2018. 母猪定时输精技术及存在的若干问题 ［J］. 猪业科学，35（6）：46 - 48.

李益得，2012. 保护剂在猪精液冷冻保存中的应用 ［J］. 贵州畜牧兽医，36（6）：13 - 16.

刘文敏，陈志林，师晓杰，等，2018. 两次输精技术对母猪繁殖效率的影响 ［J］. 养猪（3）：28 - 30.

陶剑，陈预明，曹亚鸽，等，2007. 猪精液稀释液室温贮存时间效果研究 ［J］. 养猪（3）：45 - 48.

王均亮，陶剑，张洁，等，2015. 不同稀释粉对公猪精液常温保存效果的影响 ［J］. 当代畜牧（24）：42 - 46.

吴俊辉，张童，张守全，等，2017. 母猪定时输精基本理论及应用效果评价 ［J］. 猪业科学，34（7）：48 - 49.

吴梦，刘雪芹，刘子嘉，等，2019. 猪精液超低温冷冻保存研究进展 ［J］. 中国畜牧杂志，55（7）：35 - 40.

吴同山，2006. 工厂化猪场人工授精技术应用的研究与推广 ［C］.//中国畜牧业协会、海口市人民政府. 2006 中国猪业发展大会论文集. 中国畜牧业协会、海口市人民政府：中国畜牧业协会.

吴同山，陈日秀，张守全，2007. 猪人工授精技术的应用 ［J］. 科学种养

（4）：14.

项智锋，王清华，张金洲，等，2005. 稀释液·清洁剂·冷冻程序对猪精液冷冻效果的影响［J］. 安徽农业科学（10）：96-97.

邢军，王建才，杨剑波，等，2013. 不同稀释剂对梅山猪精液冷冻保存效果的研究［J］. 畜牧与兽医，45（12）：24-28.

张守全，2006. 第一讲生殖激素及其应用［J］. 养猪（2）：17-19.

张守全，2006. 第二讲公猪生殖生理［J］. 养猪（3）：11-14.

张守全，2006. 第三讲母猪生殖生理［J］. 养猪（5）：11-13.

张守全，2007. 第四讲猪人工授精［J］. 养猪（3）：17-20.

张守全，2007. 猪场内人工授精若干问题［J］. 猪业科学（5）：34-36.

张渭斌，孙世铎，刘丑生，等，2011. 猪 0.5 mL 细管冷冻精液的人工授精试验［J］. 西北农林科技大学学报（自然科学版），39（10）：47-52.

中央农业广播电视学校，2003. 畜禽繁育技术［M］. 北京：中国农业出版社.

朱士恩 . 2010. 中国动物繁殖学科 60 周年发展与展望［M］. 北京：中国农业大学出版社.

朱士恩 . 2015. 家畜繁殖学［M］. 北京：中国农业大学出版社.

Palmer J. Holden，M. E. Ensminger，2007. 养猪学［M］. 王爱国，主译. 北京：中国农业大学出版社.

Pork Checkoff Purdue University Cooperat，2010. Pork Industry Handbook［M］. West Lafayette：Purdue University Press.

图书在版编目（CIP）数据

猪冷冻精液生产及使用技术手册／全国畜牧总站编
.—北京：中国农业出版社，2020.10
ISBN 978-7-109-27373-3

Ⅰ.①猪… Ⅱ.①全… Ⅲ.①猪—精液冷冻—生产—
技术手册 Ⅳ.①S828.3-62

中国版本图书馆 CIP 数据核字（2020）第 182429 号

中国农业出版社出版
地址：北京市朝阳区麦子店街 18 号楼
邮编：100125
责任编辑：周锦玉
版式设计：杨 婧 责任校对：吴丽婷
印刷：北京通州皇家印刷厂
版次：2020 年 10 月第 1 版
印次：2020 年 10 月北京第 1 次印刷
发行：新华书店北京发行所
开本：880mm×1230mm 1/32
印张：3.25
字数：85 千字
定价：25.00 元
